中职中专示范专业项目式系列教材·电子电工类

电子技术基础与技能

王奎英　主　编
李占平　全　磊　副主编

科学出版社

北京

内 容 简 介

本书是依据教育部最新颁布的《中等职业学校电子技术基础与技能教学大纲》和国家职业技能鉴定相关工种的要求，并结合编者多年来的中职教学实践经验，采用项目驱动模式进行编写的。

全书共分两大部分。第一部分是模拟电子技术，由制作整流和滤波电路、组装直流稳压电源、组装多级放大电路、组装音频功放电路、组装调幅调频收音机五个项目组成；第二部分是数字电子技术，由组装声光控延时照明开关电路、制作三人表决器、制作四人抢答器、制作触摸式照明灯延迟开关电路、制作数字秒表、制作数/模转换与模/数转换电路六个项目组成。

本书浅显易懂，理论与实践融为一体，符合初学者的认知规律，适合作为中等职业学校电类专业电子技术与技能课程的通用教材，同时也适合作为电子技术从业人员的岗前培训和自学用书。

图书在版编目 CIP 数据

电子技术基础与技能/王奎英主编. —北京：科学出版社，2010
（中职中专示范专业项目式系列教材·电子电工类）
ISBN 978-7-03-027635-3

Ⅰ.①电… Ⅱ.①王… Ⅲ.①电子技术-专业学校-教材 Ⅳ.①TN

中国版本图书馆 CIP 数据核字（2010）第 090552 号

责任编辑：陈砺川 唐洪昌 刘敬晗/责任校对：刘玉靖
责任印制：吕春珉/封面设计：胡文航

科学出版社 出版
北京东黄城根北街 16 号
邮政编码：100717
http://www.sciencep.com

北京市京宇印刷厂 印刷
科学出版社发行 各地新华书店经销

*

2010 年 7 月第 一 版 开本：787×1092 1/16
2021 年 12 月第九次印刷 印张：13 1/4
字数：296 000

定价：42.00 元
（如有印装质量问题，我社负责调换〈北京京宇〉）
销售部电话 010-62134988 编辑部电话 010-62135319-2008

前　言

"电子技术基础与技能"是电类专业的骨干课程。在传统的教材中，理论知识和实践技能往往各自独立，使学生在掌握这一基础知识时缺乏一定的系统性和可操作性，也给教学带来很大不便。在新的客观条件下，根据社会对电类专业所涵盖岗位群的要求和实际教学的需要，我们按照"以情溪径、图文并茂、深入浅出、知识够用、突出技能"的编写思路，按照"项目—任务"驱动的模式，把理论知识和实践技能融为一体，弥补了传统教材的不足，体现了以"就业为导向、能力为本位、素质为基础、项目为载体"的教学理念。

全书共分"模拟电子技术"和"数字电子技术"两大部分，共 11 个项目，分别是制作整流和滤波电路、组装直流稳压电源、组装多级放大电路、组装音频功放电路、组装调幅调频收音机、组装声光控延时照明开关电路、制作三人表决器、制作四人抢答器、制作触摸式照明灯延迟开关电路、制作数字秒表、制作数/模转换与模/数转换电路的先后顺序安排，力求突出以下特色。

① 项目引领，任务驱动。采用项目教学法，通过将若干项目分解成多个任务的形式围绕实践技能开展教学。

② 知识实用，突出操作。根据《中等职业学校电子技术基础与技能教学大纲》的要求，结合中等职业学校教学实际，参考行业专家对专业所涵盖的岗位群进行的任务和职业能力分析，确定本课程的项目模块和任务内容。全书格式以现场"理论实践"一体化教学为主，教师讲授和学生操作互动，突出"做中学，做中教"的职教特色，让学生在"学"与"教"中，掌握电子技术的基本技能。

③ 结构合理，适用性强。全书每个项目都采用了"知识目标—技能目标—项目小结—实训与考核"的模式进行编写，每个任务中又设置了"任务分析—读一读—议一议—练一练—做一做—评一评—知识拓展"等栏目，符合学生心理特征和认知规律。内容由浅及深，由易到难，循序渐进，通俗易懂，理论与案例制作相结合，实用与技巧相结合。每个项目后的"实训与考核"和任务后面的"评一评"可以使学生对所学知识进行有效总结，任务后的"知识拓展"为基础好的学生拓宽知识面奠定了基础。

书中标有"＊"的内容为选学内容。

本书由河南机电学校王奎英担任主编，李占平、全磊担任副主编。编写人员分工为王奎英编写项目一和项目五；河南省轻工业学校梁雯虹编写项目二、三、四；李占平编写项目六、七；河南机电学校马立编写项目八；全磊编写项目九、十、十一。模拟部分由王奎英主审，数字部分由李占平主审。全书由王奎英统稿。

在整个编写过程中，杨茜提供了大量的帮助，在此深表感谢。

　　由于作者水平有限，加之编写时间仓促，书中不足之处在所难免，敬请读者批评指正。

编　者

2010 年 3 月

CONTENTS

目　录

第一部分　模拟电子技术

项目一

制作整流和滤波电路

在电子电路及设备中，一般都需要稳定的直流电源供电。本项目所介绍的直流电源为单相小功率电源，它将频率为 50 Hz、有效值为 220 V 的单相交流电经过电源变压器、整流电路、滤波电路转换成平滑的直流电。通过本项目的练习，使学生掌握直流电源的制作，理解直流电源的概念，熟悉元器件的选择方法。

1. 熟悉晶体二极管的结构及用途
2. 掌握晶体二极管的特性和整流电路
3. 掌握电容滤波电路，了解滤波电路的几种类型
4. 了解晶闸管的特性和用途

1. 熟练用万用表判断二极管极性
2. 能够使用示波器观察整流滤波电路的波形
3. 正确制作整流及滤波电路

任务一 利用二极管整流

教学步骤	时间安排	教学方式（供参考）
阅读教材	课余	自学、查资料、相互讨论
知识讲解	2 课时	在课程学习中，应结合多媒体课件演示整流过程，给学生一个形象的认识
任务操作	4 课时	对交流电进行整流的实训内容，学生应该边学边练。同时教师应该在实训中有针对性地向学生提出问题，引发思考
评估检测		教师与学生共同完成任务的检测与评估，并能对问题进行分析与处理

整流滤波电路是电子技术课程中很重要的内容。由于工业发电和生产生活用电都是以交流电为标准的，而许多电器设备却需要直流电，这样就需要用整流滤波电路将交流电转化为直流电。因二极管有单向导电的特性，所以在把交流变为直流的过程中可以使用二极管进行整流。通过本任务的学习，学生应该能够识读和制作整流电路。

读一读

知识1 晶体二极管的分类

晶体二极管也叫半导体二极管，简称二极管。它是用半导体材料做成的。半导体的导电性能介于导体和绝缘体之间，如硅、锗。纯净的半导体称为本征半导体，其原子都按一定的规律整齐排列，呈晶体结构。若在本征半导体中掺入微量的有用元素，导电性能就会大大提高，但掺入的微量元素不同，其导电性能也会不同。如在硅晶体中掺入微量的硼元素，就会得到以空穴载流子为主的空穴型半导体，又称 P 型半导体；又如在硅晶体中掺入微量的磷元素，就会得到以电子载流子为主的电子型半导体，又称 N 型半导体。通过一定的工艺把 P 型半导体和 N 型半导体结合在一起，在它们的交汇处就会形成 PN 结。将 PN 结加上接触电极、引线和管壳就制成二极管。

1. 按结构分类

按结构分类，二极管通常有点接触型和面接触型两类。其结构如图 1-1 所示。

点接触型适用于工作电流小、工作频率高的场合；面接触型适用于工作电流较大、工作频率较低的场合。

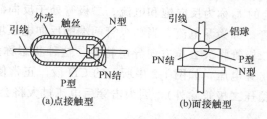

(a)点接触型   (b)面接触型

图 1-1 二极管的结构图

2. 按用途分类

按其用途分为普通二极管、整流二极管、开关二极管、稳压二极管、变容二极管、发光二极管、光敏二极管。二极管的用途和电路符号见表 1-1。

表 1-1 二极管的用途和电路符号

种类	普通二极管	整流二极管	开关二极管	稳压二极管	变容二极管	发光二极管	光电二极管
用途	高频检波等	大功率整流	开关电路	稳压电路	高频调谐	显示器件	光控器件
图形符号							

知识 2 晶体二极管的特性和主要参数

1. 二极管的特性

二极管最重要的特性就是单方向导电性。其伏安特性曲线如图 1-2 所示。

（1）正向特性

如图 1-2 所示可知，当所加的正向电压为零时，电流为零；当正向电压较小时，由于外电场远不足以克服 PN 结内电场对多数载流子扩散运动所造成的阻力，故正向电流很小（几乎为零），二极管呈现出较大的电阻。这段曲线称为死区，相应的电压叫死区电压；如图 1-2 中所示的 OA 段。硅二极管的死区电压为 0.5V 左右，锗二极管的死区电压为 0.1～0.2V。

外加电压超过死区电压以后，二极管呈现很小的电阻，正向电流 I_D 迅速增加，这时二极管处于正

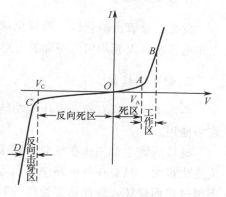

图 1-2 二极管的伏安特性

向导通状态，如图 1-2 中所示的 AB 段为导通区，此时二极管两端电压降变化不大，该电压称为正向压降或管压降。常温下硅二极管为 0.6～0.7V，锗二极管为 0.2～0.3V。

（2）反向特性

在电子电路中，二极管的正极接在低电位端，负极接在高电位端，此时二极管中几乎没有电流流过，处于截止状态，这段曲线称为反向死区，也称反向截止区，如图 1-2

中所示的 *OC* 段，此处的 I_R 称为反向饱和电流。二极管处于反向截止时，仍然会有微弱的反向电流流过二极管，称为漏电流。当二极管两端的反向电压增大到某一数值时，反向电流会急剧增大，二极管将失去单方向导电特性，这种状态称为二极管的反向击穿，相应的电压称为反向击穿电压，如图 1-2 中所示的 *CD* 段。正常使用二极管时，是不允许出现这种现象的（稳压二极管除外），因为击穿后电流过大将会损坏二极管。

2. 晶体二极管的主要参数

晶体二极管的参数确定了二极管的适用范围，它是合理选用二极管的依据。晶体二极管的主要参数有以下几个。

（1）最大整流电流 I_{FM}

最大整流电流指长期工作时，二极管允许通过的最大正向平均电流值。在选用二极管时，实际工作电流不能超过此值，以免器件过热而被损坏。

（2）最高反向工作电压 U_{RM}

最高反向工作电压指二极管工作时，所能承受的反向电压峰值。在选用二极管时，加在二极管上的反向电压峰值不允许超过 U_{RM}，以保证二极管正常工作，不致反向击穿而损坏。

除了这两个主要参数外，还有一些参数，如最高工作频率、最大反向电流、正向导通压降、最高使用温度、结电容、噪声系数等。这些参数在半导体器件手册中均可查到。

知识 3   特种二极管

1. 发光二极管

发光二极管由磷化镓、磷砷化镓材料制成，体积小，正向驱动发光。工作电压低，工作电流小，发光均匀，寿命长，可发红、黄、绿单色光。

2. 稳压二极管

稳压二极管具有稳定电压的功能，常简称为稳压管，主要在稳压设备和一些电子电路中使用。

硅稳压管主要工作在反向击穿区，此时，它两端的电压基本不变，而流过管子的电流变化很大。只要在外电路中采取适当的限流措施（如串联一个限流电阻），保证管子不因过热而烧坏，就能达到稳压的效果。

3. 光敏二极管

光敏二极管在电路中不是用作整流元件，而是通过它把光信号转换成电信号。

4. 变容二极管

变容二极管是一种利用 PN 结反偏时结电容大小随外加电压而变化的特性制成的。

反偏电压增大时电容减小，反之电容增大。变容二极管的电容量一般较小，最大值为几十到几百 pF，常在高频电路中作自动调谐、调频、调相用。

以上特种二极管的实物如图 1-3 所示。

(a)发光二极管　　　　(b)稳压二极管　　　　(c)光敏二极管　　　　(d)变容二极管

图 1-3　特种二极管的实物图

知识 4　二极管整流电路

整流是将交流电变换为单方向的脉动直流电的过程。它主要是利用具有单向导电性的半导体器件（如晶体二极管）来实现的。根据输出电压的波形，整流可分为半波整流和全波整流。其电路和波形图如图 1-4 和图 1-5 所示。

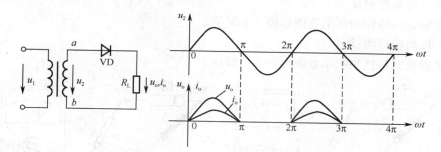

图 1-4　半波整流电路及波形

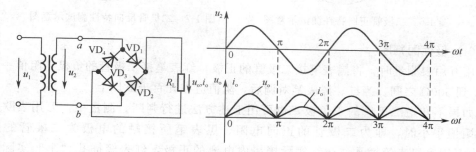

图 1-5　全波整流电路及波形

全波整流是取出交流的正、负两个半周期，将其变成脉动直流的方式。单相桥式整流电路用 4 个二极管作为整流器件接成电桥形式。当变压器的极性上端为正、下端为负时，VD_1、VD_3 因正向偏置而导通，VD_2、VD_4 因反向偏置而截止，在负载 R_L 上有电流通过，电流由变压器二次绕组上端经 VD_1、R_L、VD_3 回到变压器下端，在 R_L 上得到一个半波整流电压。当电源极性相反时，整流器件 VD_2、VD_4 导通，VD_1、VD_3 截止，电

流经 VD_2、R_L、VD_4 回到变压器的上端，这样在 R_L 上也得到一个半波整流电压。如此重复，在负载 R_L 上就能得到正负半周都有单一方向的脉动直流电压。

议一议

①对半波和全波整流的二极管极性反装会出现什么样的情况？
②在生活中遇到的二极管应用有哪些？

练一练

练习　二极管的特性、极性判断和质量判别

1. 利用万用表测量二极管特性和判断极性

（1）万用表的挡位选择

对一般小功率管使用欧姆挡的 R×100 或 R×1k 挡位，而不宜使用 R×1 和 R×10k 挡。前者由于电表内阻最小，通过二极管的正向电流较大，可能烧毁管子；后者由于电表电池的电压较高，加在二极管两端的反向电压也较高，易击穿管子。大功率管，可选 R×1 挡。

（2）正向特性测试

二极管正向特性测试示意图如图 1-6 所示。

（3）反向特性测试

二极管反向特性测试示意图如图 1-7 所示。

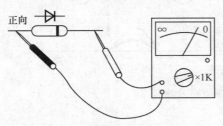
图 1-6　二极管正向特性测试示意图

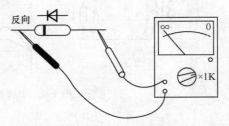
图 1-7　二极管反向特性测试示意图

（4）极性的判断

用万用表测量时，将黑表笔接二极管的正极，红表笔接二极管的负极，阻值一般在 100Ω 到 500Ω 之间。当红、黑表笔对调后，阻值应在几百千欧以上。

如果不知道二极管的正负极，也可用上述方法进行判断。测量中，万用表欧姆挡显示阻值很小时，即为二极管的正向电阻。黑表笔所接触的电极为二极管的正极（因为万用表黑表笔插孔"－"实际接表内电池的正极，红表笔插孔"＋"实际接表内电池的负极），另一端为负极。如果显示阻值很大，则红表笔相连的一端为正极，另一端为负极。

2. 二极管的质量判别

由于晶体二极管具有单向导电性，可以用万用表电阻挡测量二极管 PN 结阻值。正反两次测的电阻值差值越大，说明二极管的质量越好；若正反两次测的电阻值比较接

近，说明二极管的质量很差；若两个阻值都很小，说明二极管内部已经击穿；若两个阻值都很大，说明二极管内部已经断路。

做一做

实验　搭接桥式整流电路

1. 实训目的

动手组装调试整流电路，熟悉晶体二极管的结构及用途，掌握整流电路的基本概念和制作方法。

2. 实训工具及器材

（1）工具

本实训项目所需的工具如图 1-8 所示。

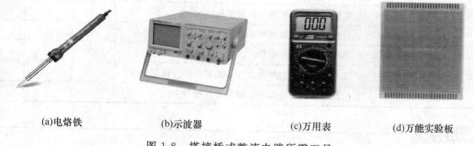

(a)电烙铁　　　　　(b)示波器　　　　　(c)万用表　　　　　(d)万能实验板

图 1-8　搭接桥式整流电路所需工具

（2）器材

本实训项目所需的器材见表 1-2。

表 1-2　搭接桥式整流电路所需的器材

序号	名称	型号与规格	数量
1	变压器 T	220V/15V，2A/35A	1 只
2	二极管 $VD_1 \sim VD_4$	1N4001，1A/100V	4 只
3	电阻器 R_L	10kΩ/0.25W	1 只
4	万能实验板	100mm×120mm	每人 1 块
5	电烙铁、焊锡	自定	1 套
6	万用表	自定	1 块

3. 组装调试

按照图 1-9 所示在万能实验板上将实验器材连接起来。

在接通电源之后，用示波器观察交流电通过桥式整流电路后在 R_L 两端的波形。u_2 和 u_L 的电压波形参考图如图 1-10 所示。

从示波器中可以观察到，交流电的正负半周经整流后都变成脉动的直流。这种脉动直流电一般可用于某些电镀、电解和蓄电池充电等设备。

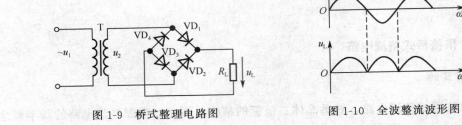

图 1-9　桥式整理电路图

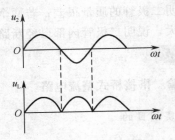

图 1-10　全波整流波形图

评一评

任务检测与评估

	检测项目	评分标准	分值	学生自评	教师评估
任务知识内容	二极管的特性	识读二极管的伏安特性、单向导电性	15		
	全波整流的分析	能够识读原理图和分析波形图	15		
任务操作技能	二级管的检测	会判别二极管的极性和质量	30		
	桥式整流的制作	熟练焊接整流桥电路	30		
	安全操作	工具和仪器的使用及放置，元器件的拆卸和安装	5		
	现场管理	出勤情况、现场纪律、团队协作精神	5		

知识拓展

* 三相整流电路的组成与特点

　　当负载功率进一步增加或由于其他原因要求多相整流时，三相整流电路就被提了出来，因为大功率的交流电源是三相供电形式。如图 1-11 所示为三相整流电路图。一个电阻负载三相桥式整流电路，它有 6 个二极管，VD_1、VD_3、VD_5 接成共阴极形式，用 P 表示；VD_2、VD_4、VD_6 接成共阳极形式，用 M 表示；零线用 N 表示。

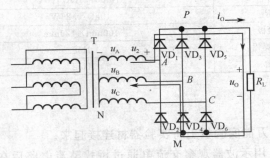

图 1-11　三相整流电路图

任务二　利用电容、电感滤波

教学步骤	时间安排	教学方式（供参考）
阅读教材	课余	自学、查资料、相互讨论
知识讲解	2课时	在滤波电路学习中，应结合多媒体课件演示滤波过程，使学生对滤波原理有一个形象的认识
任务操作	2课时	对直流滤波实训内容，学生应该边学边练。同时教师应该在实训中有针对性地向学生提出问题，引发思考
评估检测		教师与学生共同完成任务的检测与评估，并能对问题进行分析与处理

　　整流后的直流属于脉动直流，对于电子设备和自动控制装置来说脉动直流还不够，它们需要的是平滑的直流电，因此必须将脉动直流电中的交流成分滤去，而保留其直流成分。这需要通过滤波电路来完成。

读一读

知识1　电容滤波电路

　　电容滤波电路是用一个大容量的电容（电解电容）与负载并联组成的，如图1-12所示。

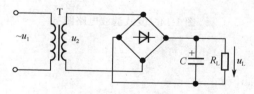

图1-12　电容滤波电路图

　　未加滤波电容时，负载得到的是脉动电压。当负载并接电容C后，二极管导通时，电源的一部分电流流经负载，另一部分电流流入电容器对其充电。二极管截止时，电容向负载放电。全波整流电路在电源一个周期内两次对电容充电，并且电容两次对负载放电。因此，在整个周期内，由于电容C的充放电作用，负载电流不会中断，负载上电压的脉动程度减少，使负载得到的输出电压平滑很多。

知识 2　电感滤波电路

电感滤波电路是把电感与负载电阻串联组成的，如图 1-13 所示。根据电感的特性，脉动电压中的交流成分降在电感上，把直流送给负载电阻而实现滤波。这种滤波器对于负载电流较大的场合效果较好，电子设备及分析仪器中用得很少。

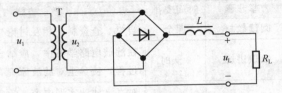

图 1-13　电感滤波电路图

知识 3　复式滤波电路

复式滤波是为取得更好的滤波效果，把上述电容滤波和电感滤波两种滤波器组合起来，形成 LC 滤波器，如图 1-14 所示。

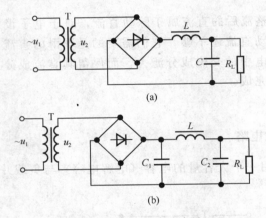

(a)

(b)

图 1-14　复式滤波电路图

议一议

①整流后为什么要滤波？
②整流后在什么情况下不用滤波？

练一练

练习　使用万用表判断滤波电容的好坏

先将电容两管脚短路进行放电，然后用指针式万用表的黑表笔接电解电容的正极，红表笔接负极（用数字式万用表测量时表笔互调），正常时表针应先向电阻小的方向摆动，然后慢慢返回无穷大处。表针的摆动幅度越大或返回的速度越慢，说明电容的容量越大，反之则说明电容的容量越小。若表针回摆到某处不再变化，说明此电容漏电；若指针停留在阻值很小或零处，则表明此电容已击穿短路；若表针不摆动或停留在阻值很大且几乎是无穷大处，则表明此电容断路。

　　电容不管是漏电，还是短路、断路，说明都已经损坏，不能再使用了。

做一做

实验　制作电容滤波电路

1. 实训目的

掌握滤波电路的制作和对滤波电路基本概念的理解。

2. 实训工具和器材

（1）工具

本实训项目所需的工具同任务一，如图1-8所示。

（2）器材

电解电容$2200\mu F/35V$一只，其他器材同任务一，见表1-2。

3. 组装测试

①利用任务一制作的整流电路，再按照图1-12在万能实验板上把滤波电路组装上，检查元件连接正确后，接通电源，将示波器探头放在负载R_L两端，通过示波器观察滤波后的波形。

可以在示波器上看到脉动直流经过滤波电路以后变为平滑的直流，如图1-15所示。

图1-15　滤波前后波形对比图

②使用万用表测量经过滤波电路以后输出电压的大小数值。

评一评

任务检测与评估

	检测项目	评分标准	分值	学生自评	教师评估
任务知识内容	滤波电路类型	熟练识读3种滤波电路	15		
	滤波电路的估算	能估算滤波后的输出电压	15		
任务操作技能	滤波电路的制作	制作电容滤波电路	30		
	滤波电路的测量	观察滤波电压波形，测量输出电压大小	30		
	安全操作	工具和仪器的使用及放置，元器件的拆卸和安装	5		
	现场管理	出勤情况、现场纪律、团队协作精神	5		

知识拓展

估算桥式整流电容滤波电路的输出电压平均值 U_O。

若输入交流电为 $u_2(t) = \sqrt{2}U_2\sin\omega t$，则经桥式整流后的输出电压 U'_O 为

$$U'_O = \frac{1}{\pi}\int_0^\pi \sqrt{2}U\sin(\omega t)\,\mathrm{d}(\omega t) = \frac{2\sqrt{2}}{\pi}U_2 = 0.9U_2。$$

经电容滤波后的输出电压 U_O 为 $0.9U_2 < U_O < 1.2U_2$，通常取为 $1.2U_2$。

*任务三　安装调光台灯

教学步骤	时间安排	教学方式（供参考）
阅读教材	课余	自学、查资料、相互讨论
知识讲解	2 课时	在晶闸管的学习中，应结合多媒体课件演示晶闸管整流过程，使学生对晶闸管的工作条件和应用有一个形象的认识
任务操作	4 课时	对调光灯安装的实训内容，学生应该边学边练。同时教师应该在实训中有针对性地向学生提出问题，引发思考
评估检测		教师与学生共同完成任务的检测与评估，并能对问题进行分析与处理

晶闸管调光电路是以晶闸管为核心制作而成的，其特点是结构简单、制作简捷、控制方便。晶闸管调光电路可广泛应用于白炽灯的连续调光，还可应用于控制电风扇的调速和电熨斗的调温等，其调压范围为 $0 \sim 220\text{V}$ 的交流电压。通过本任务的学习，可以了解晶闸管的用途和使用方法。

读一读

知识 1　一般晶闸管及其应用

1. 晶闸管的结构

晶闸管又称可控硅，是一种硅材料可控整流器件的简称。它是 PNPN 四层半导体结构，有阳极 A、阴极 K、门极 G 三个极。外形与封装如图 1-16 所示，结构和电路符号如图 1-17 所示。

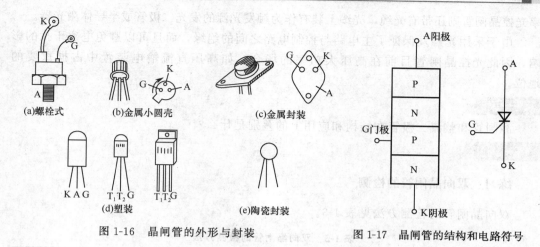

图 1-16　晶闸管的外形与封装　　　　图 1-17　晶闸管的结构和电路符号

2. 晶闸管的工作条件

晶闸管具有硅整流器件的特性，能在高电压、大电流条件下工作，且其工作过程可以控制，被广泛应用于可控整流、交流调压、无触点电子开关、电机调速、控温等电子电路中。

晶闸管在工作过程中，它的阳极 A 和阴极 K 分别与电源和负载连接，组成晶闸管的主电路，晶闸管的门极 G 和阴极 K 与控制晶闸管的装置连接，组成晶闸管的控制电路。

若在晶闸管的阳极加上正向电压，同时在门极也加上适当的正向电压，晶闸管就导通；若在阳极上加上反向电压，或暂时去掉阳极电压，晶闸管就关断。

知识 2　特殊晶闸管及其应用

1. 双向晶闸管

双向晶闸管是在普通晶闸管的基础上发展而成的，它不仅能代替两只反极性并联的晶闸管，而且仅需一个触发电路，是目前比较理想的交流开关器件，其电路符号如图 1-18 所示，3 个引出端分别为第一阳极 T_1、第二阳极 T_2 和门极 G。它的发展方向是高电压、大电流。大功率双向晶闸管主要用于功率调节、电压调节、调光、焊接、温度控制、交流电机调速等方面。

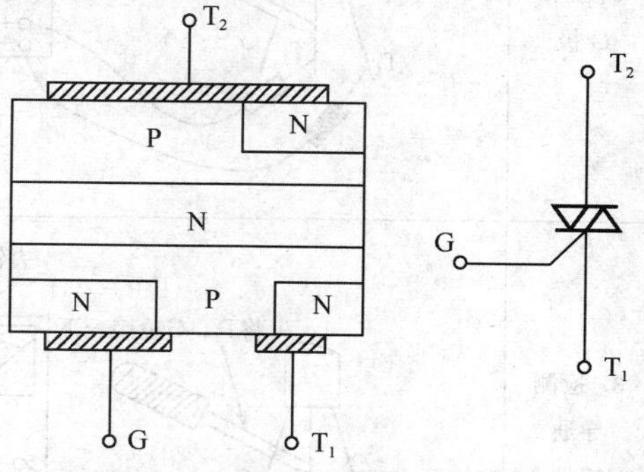

2. 光触发晶闸管

图 1-18　双向晶闸管的结构和电路符号

光触发晶闸管又称光控制晶闸管，是利用一定波长的光照信号触发导通的晶闸管。小功率光控晶闸管只有阳极和阴极两个端子，大功率光控晶闸管则还带有光缆，光缆上装有作为触发光源的发光二极管或半导体激光器。

由于采用光触发保证了主电路与控制电路之间的绝缘，而且可以避免电磁干扰的影响，因此光控晶闸管目前在高压大功率的场合，如高压直流输电装置中占据重要的地位。

议一议

晶闸管和整流二极管在结构和应用上的差别是什么？

练一练

练习　双向晶闸管的检测

双向晶闸管的检测方法见表 1-3。

表 1-3　双向晶闸管的检测方法

检测步骤	测试方法	说明
1. 确定 T_2 极		用万用表 R×1 挡，测量 G、T_1 任意两脚之间电阻时仅几十欧，而 G 与 T_2、T_1 与 T_2 之间反向电阻均为无穷大。如果测出某脚和其他两脚都不通，说明该脚为 T_2 极
2. 判别 T_1 极和 G 极		假设剩下两脚中某一脚为 T_1 极，另一脚为 G 极，把黑表笔接 T_1 极，红表笔接 T_2 极，同时瞬间短接 T_2 极与 G 极（给 G 极加上负触发信号），电阻值如为 10Ω 左右，证明管子已经导通，导通方向为 $T_1 \rightarrow T_2$，则上述假设的两极正确，即黑表笔接的是 T_1，剩余另一脚为 G 极。如万用表没有指示，电阻值仍为无穷大，说明管子没有导通，假设错误，改变两极表笔连接方式，重复上述过程
3. 检测导通特性		把红表笔接 T_1 极，黑表笔接 T_2 极，然后将 T_2 极与 G 极瞬间短接一下，即给 G 极加上瞬时正向触发信号，电阻值仍为 10Ω 左右，证明管子再次导通，导通方向为 $T_2 \rightarrow T_1$

做一做

实验 组装家用调光台灯

1. 实训目的

了解双向晶闸管的调压原理。

2. 实训工具和器材

本实训项目所需的工具和器材见表1-4。

表 1-4 组装家用调光台灯所需的工具和器材

序号	名称	型号与规格	数量	备注
1	双向晶闸管 VS	97A6	1 只	1A/400V
2	双向二极管 VD	DB3	1 只	
3	电阻 R	RT1/0.125/b/560Ω±5%	1 只	
4	电位器 R_P	470kΩ	1 只	
5	涤纶电容器 C	CL11/160V/0.1μF±10%	1 只	
6	灯泡	220V/25W	1 只	调试用
7	铜柱		2 个	接灯泡两端
8	电源线		若干	
9	万能实验板	100mm×120mm	1 块	
10	电烙铁、焊锡	自定	1 套	
11	万用表	自定	1 块	

3. 组装与调试

（1）组装

依据图 1-19 所示的晶闸管调光电路原理图，在万能实验板上组装。

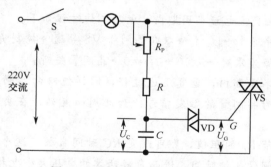

图 1-19 晶闸管调光电路原理图

在安装过程中，建议按如下流程进行：检测元器件质量→安装电阻→双向二极管→电容→双向晶闸管→电位器→铜柱。

（2）调试

①电路接上灯泡，通电。

②将万用表置于交流 250V 挡，红、黑表笔接灯泡两端，由大到小缓慢调整 R_P 阻值，万用表指针指示电压应由小变大，此时灯泡由暗变亮；反之，灯泡应由亮变暗。

满足上述①、②点，说明晶闸管调光电路制作成功。

4.注意事项

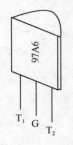

图 1-20　97A6 外形图

①焊接双向晶闸管 VS 时注意极性，其方向如图 1-20 所示，装插时千万不要插错。

②焊接完成后，认真检查电路有无虚焊、错焊等。检查无误后，方可外接灯泡负载及交流电源，以便通电测试。

③由于电路直接与交流电网相连，整个电路都带有交流电，所以在通电时必须注意安全，防止触电！

④由于电路是通过灯泡与交流电网构成回路的，所以不接灯泡，电路将不能工作。

评一评

任务检测与评估

	检测项目	评分标准	分值	学生自评	教师评估
任务知识内容	晶闸管的工作原理	了解晶闸管的工作原理	15		
	晶闸管的控制方式	掌握晶闸管的控制方式	15		
任务操作技能	判别晶闸管的极性	用万用表判别晶闸管的管脚	20		
	组装调光台灯	组装一台可调节光的台灯	40		
	安全操作	工具和仪器的使用及放置，元器件的拆卸和安装	5		
	现场管理	出勤情况、现场纪律、团队协作精神	5		

知识拓展

晶闸管调光台灯原理

闭合开关 S，在交流电正半周期内，电路工作过程如下。

①U_C ↑ →VD 导通 ↑ →U_G ↑ →双向晶闸管 VS 导通→控制负载的工作。

②当交流电下降为零时→$u=0$→$u_{T2}=0$→晶闸管关断。

在交流电的负半周期内，重复上述过程，同样使双向晶闸管得到一个反向触发电压。此电压作为晶闸管的触发信号。如此周而复始，在负载上获得了可以控制的电压。

在电路中，调节 R_P 的阻值，即可改变 RC 时间常数，这个充电时间常数的改变，也就改变了晶闸管起控时间，进而负载两端的电压大小也相应发生变化。

当 R_P 调到阻值较大时，电容 C 充到双向触发二极管转折电压的时间较长，在交流电周期不变的情况下，时间变短，晶闸管的导通时间也变短，负载得到的功率就较小；反之，当 R_P 调到阻值较小时，晶闸管的导通时间增长，负载得到的功率就较大。因此，调节 R_P 就能控制照明灯的亮度。

项 目 小 结

①二极管由一个 PN 结构成,其主要特性是单向导电性,即正偏时导通,反偏时截止。二极管两端电压与通过二极管的电流之间的关系成为二极管的伏安特性,它描述了二极管的电压与电流的关系。

②特殊二极管有稳压二极管、发光二极管、光敏二极管、变容二极管等。稳压二极管工作在二极管伏安特性曲线的击穿区,在工作电流允许的范围内其电压是稳定的;发光二极管具有将电信号转换成光信号的作用;而光敏二极管则是将光信号转换成电信号。

③利用二极管整流电路把交流电变为直流电。

④使用电容滤波电路将脉动直流变为平滑直流。滤波电路还有电感滤波电路和电容、电感组合起来的复式滤波电路。

⑤晶闸管有 3 个 PN 结,单向晶闸管的正向特性分为两种情况:当控制极无触发时,正向阻断,几乎没有电流;当控制极被触发时,正向导通。但必须注意,晶闸管一旦被触发后将维持导通状态,直到阳极电流小于维持电流,晶闸管才自动关断。利用双向晶闸管可以制作调光台灯。

实训与考核

1. 选择题

①整流的目的是_____。

A. 将交流变为直流　　　　　　　　B. 将高频变为低频

C. 将正弦波变为方波

②在单相桥式整流电路中,若有一只整流管接反,则_____。

A. 输出电压约降一半　　　　　　　B. 变为半波整流

C. 整流管将因电流过大而烧坏

③直流稳压电源中滤波电路的作用是_____。

A. 将交流变为直流　　　　　　　　B. 将高频变为低频

C. 将交、直流混合量中的交流成分滤掉

2. 简答题

①什么叫滤波?滤波电路是如何工作的?说出几种滤波电路。

②说出交流与直流的区别。桥式整流电路为何能将交流电变为直流电?这种直流电能否直接用来作为晶体管放大器的工作电源?

③普通晶闸管的导通和关断条件是什么?

项目二

组装直流稳压电源

电器设备一般都需要稳定的直流电源供电，而这些直流电除了少数直接利用干电池或直流发电机外，大多数是采用把交流电（市电）转变为直流电后再经过稳压电路稳压，以保证供给电器设备电能的稳定性。

1. 了解直流稳压电源的组成和主要性能指标
2. 理解简单的串联型稳压电路的组成及工作原理
3. 理解具有放大环节的串联型稳压电路的组成框图及工作原理
4. 了解三端稳压器的种类及特点

1. 学会用仪器、仪表调试、测量稳压电路
2. 学会制作直流稳压电源
3. 学会排除直流稳压电源的常见故障

任务一　安装串联型稳压电源

教学步骤	时间安排	教学方式（供参考）
阅读教材	课余	自学、查资料、相互讨论
知识讲解	4 课时	在课程学习中，应结合多媒体课件演示电压波形在 4 个环节中的变化情况，并认识到各个环节的作用
任务操作	6 课时	在实训室安装串联型稳压电源，学生应该边学边练。同时教师应该在学生实训中有针对性地提出问题，引发学生思考
评估检测		教师与学生共同完成任务的检测与评估，并能对问题进行分析与处理

　　直流稳压电源由电源变压器、整流、滤波和稳压电路 4 部分组成。电网供给的交流电压 U_1（220V，50Hz）经电源变压器降压后，得到符合电路需要的交流电压，然后由整流电路变换成方向不变、大小随时间变化的脉动电压，再用滤波器滤去其交流分量，就可得到比较平稳的直流电压。但这样的直流输出电压还会随交流电网电压的波动或负载的变动而变化。在对直流供电要求较高的场合，还需要使用稳压电路，以保证输出直流电压更加稳定。通过本任务的学习，学生应该能够识读简单的串联型稳压电路的电路图，能够制作串联型稳压电路，能够对稳压电路进行测试。

读一读

知识1　直流稳压电源的组成及各部分作用

　　直流稳压电源的组成框图如图 2-1 所示，其主要组成部分有电源变压器、整流器、滤波器、稳压器等。

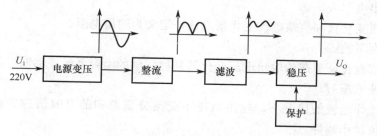

图 2-1　直流稳压电源的组成框图

　　由于大多数电子设备所需的直流电压一般为几伏至几十伏，而交流电网提供的220V电压相对较大，因此电源变压电路的作用就是对电网电压进行降压，另外也起到将直流电源与电网隔离的作用。整流电路的作用是将降压后的交流电压转换为单向的脉动电压。滤波电路的作用就是滤除整流电路输出的脉动电压中的交流成分，从而得到纹波成分很小的直流电压。经过整流滤波后的电压接近于直流电压，但是其电压值的稳定性很差，受温度、负载、电网电压波动等因素的影响很大，因此，稳压电路的作用就是对输出电压进行稳压，从而保证输出直流电压的基本稳定。

　　直流稳压电源的类型可分为并联型、串联型及开关型。

知识2　直流稳压电源的性能指标

　　直流稳压电源的技术指标可分为两大类：一类是特性指标，它是反映稳压电源工作特性的参数，如输出电流、输出电压及电压调节范围等；另一类是质量指标，它是反映稳压电源性能优劣的参数，包括稳压系数、输出电阻、纹波电压、温度系数等。

1. 特性指标

（1）最大输出电流 I_{Omax}

　　对于简单稳压二极管稳压电路，I_{Omax} 取决于稳压管最大允许工作电流。串联式稳压电路和开关式稳压电路的 I_{Omax} 取决于调整管的最大允许耗散功率和最大允许工作电流。

（2）输出电压 U_o 和电压调节范围

　　对于简单二极管稳压电路，$U_o = U_z$ 且是不可调节的，而有些场合则需要使用输出电压可调的电源。一般直流稳压电源的输出范围可以从 0V 调起，且连续可调。

（3）保护特性

　　直流稳压电源必须设有过流保护和电压保护电路，防止负载电流过载或短路以及电压过高时，对电源本身或负载产生危害。

2. 质量指标

（1）稳压系数 S_r

　　稳压系数是指输出电压的相对变化量和输入电压的相对变化量之比，用来表征电源的稳压性能。

（2）输出电阻 R_o

　　输出电压变化量和负载电流变化量之比，定义为输出电阻。

（3）温度系数 S_T

　　单位温度变化所引起的输出电压变化就是稳压值的温度系数或称温度漂移。

（4）纹波电压 U_γ

　　在额定工作电流的情况下，输出电压中交流分量总和的有效值称为纹波电压 U_γ。显然，参数值越小越好。

知识 3 简单串联型直流稳压电路

1. 电路组成

由三极管和稳压管组成简单的直流稳压电路如图 2-2 所示。

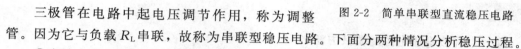

图 2-2 简单串联型直流稳压电路

2. 工作原理

三极管在电路中起电压调节作用，称为调整管。因为它与负载 R_L 串联，故称为串联型稳压电路。下面分两种情况分析稳压过程。

①当输入电压 U_i 波动而负载不变时，有

$$U_i \uparrow \rightarrow U_o \uparrow \rightarrow U_{be}(U_z - U_o) \downarrow \rightarrow I_c \downarrow \rightarrow U_{ce} \uparrow \rightarrow U_o \downarrow$$

②当输入电压 U_i 不变而负载变化时，有

$$R_L \downarrow \rightarrow U_o \downarrow \rightarrow I_b \uparrow \rightarrow U_{ce} \downarrow \rightarrow U_o \uparrow$$

简单串联型稳压电路虽能在一定程度上稳定输出电压，但是当输出电压变化较小时，如果用它直接去控制调整管的基极，对调整管的控制作用就不明显，稳压效果也不理想。为了提高稳压效果，通常采用具有放大环节的串联型稳压电路。

知识 4 具有放大环节的串联型稳压电路

1. 电路组成

具有放大环节的串联型稳压电路框图如图 2-3（a）所示，由调整管、比较放大电路、取样电路和基准电压 4 部分组成，其中取样电路的作用是将输出电压的变化取出，并反馈到比较放大器。比较放大器则将取样回来的电压与基准电压比较放大后，去控制调整管，由调整管调节输出电压，使其得到一个稳定的电压。

2. 工作原理

具有放大环节的串联型稳压电路原理图如图 2-3（b）所示。当负载 R_L 不变，而电网电压上升或负载输出电流下降导致输入电压 U_i 增大时，输出电压 U_o 有增大趋势，通

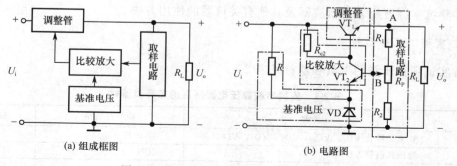

(a) 组成框图　　　(b) 电路图

图 2-3 带有放大环节的串联型稳压电路

过取样电阻的分压使比较放大管的基极电位 U_{b2} 上升，因比较放大管的发射极电压不变（$U_{e2}=U_z$），所以 U_{be2} 也上升，于是比较放大管导通能力增强，U_{c2} 下降，调整管导通能力减弱，调整管 VT_1 集射之间的电阻 R_{ce1} 增大，调整管压降 U_{ce1} 上升，使输出电压 U_o 下降，保证了 U_o 基本不变。

议一议

在具有放大环节的串联型稳压电路中，稳压的过程实质上是通过什么途径使输出电压维持稳定的？

练一练

练习　直流稳压电源的调试方法

直流稳压电源一般采用逐级调试。稳压电源由变压、整流、滤波和稳压 4 部分组成。在条件允许的情况下，可将各级间连接处断开。先调试变压级，待变压级正常后，将整流级连接上再调试整流级，然后依次调滤波、稳压电路，直到全部正常。若拆开各部分电路有困难，也可通过逐级检查输入、输出来判断电路是否正常，但在分析判断时，需要考虑前后级的相互影响。

调试时一般用万用表测量各级的输入、输出电压值或用示波器观察各级输入、输出波形。若电压数值与波形符合要求，说明工作正常；若不符合，则说明存在故障，需要检查电路连线是否正确、接触点是否良好、器件是否损坏等，查出故障部位并分析原因，排除故障，使电路达到正常工作状态。

在测试过程中应注意以下问题：注意万用表的挡位，测整流电路输入端（整流前）应为交流挡，整流后用直流挡。使用示波器测整流后各级电路波形时，一般需将耦合开关置于 DC 挡位，整流前应置于 AC 挡位。

做一做

实验　安装串联型晶体管稳压电路

1. 实训目的

①掌握直流稳压电源的组成，并通过实习了解其各组成部分的工作原理及其作用。
②进一步理解串联型晶体管稳压电源的工作原理。
③熟练掌握万用表、示波器及其他有关仪器的使用方法。

2. 实训工具和器材

本实训项目所需的工具和器材见表 2-1。

表 2-1　安装串联稳压电源所需的工具和器材

序号	名称	型号与规格	数量
1	整流二极管 VD_1、VD_2、VD_3、VD_4、VD_5	1N4007	5 只
2	稳压二极管 VS	2CN	1 只
3	晶体管 VT_1、VT_2	8050	2 只

续表

序号	名称	型号与规格	数量
4	电阻 R_1	750Ω/0.25W	1只
5	电阻 R_2	75Ω/0.25W	1只
6	电阻 R_3、R_4	100Ω/0.25W	2只
7	电阻 R_5	3.9kΩ/0.25W	1只
8	电阻 R_6	330kΩ/0.25W	1只
9	电阻 R_7	2.2kΩ/0.25W	1只
10	可调电位器 R_P	2.2KΩ/0.25W	1只
11	电解电容 C_1、C_5	470μF/16V	2只
12	电解电容 C_2、C_3	47μF/16V	2只
13	电解电容 C_4	22μF/16V	1只
14	熔断器 F_u	0.5A	1只
15	导线	常用	若干
16	万能实验板	100mm×120mm	1块
17	电烙铁、焊锡	自定	1套
18	示波器	SB-10型或自定	1台
19	万用表	自定	1块
20	单相变压器	220V/36V、5A	1个

3. 组装调试

(1) 组装

依据图2-4所示的串联直流稳压电源电路原理图，在万能实验板上组装。

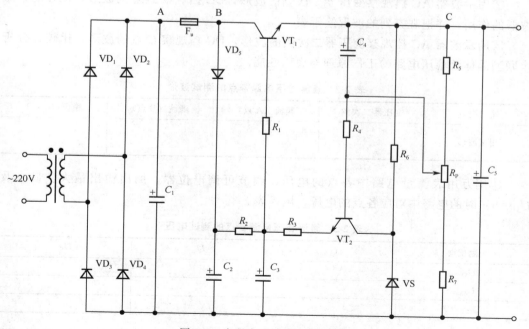

图2-4 串联直流稳压电源电路

（2）调试

1）通电前的检测。

①自检、互检焊接质量，特别注意各电阻阻值是否与原理图中的相同，各晶体管、二极管是否有极性错焊、位置错装以及在连接线路的过程中出现的短路或缺线，焊接时有无焊锡造成的电路短路现象。

②接入电源前必须检查电源有无输出电压和引线是否正确。

2）通电调试。用示波器分别观察变压器二次侧、全波整流、电容器滤波及稳压电路等各环节的输出波形。

为了准确画出变压器二次侧、全波整流、电容器滤波及稳压电路等各环节的输出波形，便于进行比较和分析。示波器调好之后，其垂直灵敏度开关应始终置于同一挡位，输入选择开关也应置于指定位置。

4．注意事项

①装接前要正确识别元件，并检查元件的好坏，核对元件数量和规格。

②本次任务的电源电压为 220V，严禁带电接线、拆线。装接中如遇到意外情况，应立即切断电源。每项实验接好线后须经认真检查才可通电。

③安全文明操作。

5．实训结果与分析

①用示波器 AC 挡观察变压器二次侧的波形，DC 挡观察 A 点的波形，比较整流桥的作用，并把观察到的波形绘于表 2-2。

②用示波器 AC 挡观察变压器二次侧的波形，DC 挡观察 B 点的波形，比较电容滤波器的作用，并把观察到的波形绘于表 2-2。

③用示波器 AC 挡观察变压器二次侧的波形，DC 挡观察 C 点的波形，比较并分析串联型晶体管稳压电路的工作原理与稳压性能。

表 2-2   直流稳压电源各点的测试波形

输出端点	变压器二次侧	整流（A 点）	滤波（B 点）	稳压（C 点）
测试波形				

④用万用表测量电路中各点的电压，调节可调电位器，测出输出最大、最小及 $U_O = 9V$ 时的电路中对应各点的电压，填入表 2-3。

表 2-3   直流稳压电源各点的测试电压

测试点	U_A	U_B	U_C
U_{Omax}			
U_{Omin}			
$U_O = 9V$			

⑤整理全部数据，总结整流、滤波和稳压 3 部分电路的作用，通过测量的数据还能

说明稳压管、晶体管及限流电阻各自在稳压电路中的作用，并分析晶体管串联型稳压电路的性能及特点。

评一评

任务检测与评估

	检测项目	评分标准	分值	学生自评	教师评估
任务知识内容	直流稳压电源的性能指标	理解稳压电源的性能指标	10		
	简单串联型稳压电路的电路图	能够识读原理图	20		
任务操作技能	稳压电源的调试	熟悉稳压电源的调试方法	20		
	利用分立元件制作稳压电源	熟练操作整个电路板的制作过程	40		
	安全操作	工具和仪器的使用及放置，元器件的拆卸和安装	5		
	现场管理	出勤情况、现场纪律、团队协作精神	5		

知识拓展

开关稳压电源

开关电源是一种比较新型的电源。它具有效率高，重量轻，可升、降压，输出功率大等优点。但是由于电路工作在开关状态，所以噪声比较大。如图 2-5 所示为降压型开关电源的工作原理。电路由开关 S（实际电路中为晶体管或者场效应管）、续流二极管 VD、储能电感 L、滤波电容 C 等构成。当开关闭合时，电源通过开关 S、电感 L 给负载供电，并将部分电能储存在电感 L 以及电容 C 中。由于电感 L 的自感，在开关接通后，电流增加比较缓慢，即输出不能立刻达到电源电压值。一定时间后，开关断开，由于电感 L 的自感作用（可以比较形象地认为电感中的电流有惯性作用），将保持电路中的电流不变，即从左往右继续流。电流流过负载，从地线返回，流到续流二极管 VD 的正极，经过二极管，返回电感 L 的左端，从而形成了一个回路。通过控制开关闭合跟断开的时间（即 PWM——脉冲宽度调制），就可以控制输出电压。如果通过检测输出电压来控制开、关的时间，以保持输出电压不变，这就实现了稳压的目的。

在开关闭合期间，电感存储能量；在开关断开期间，电感释放能量，所以电感 L 叫做储能电感。二极管 VD 在开关断开期间，负责给电感 L 提供电流通路，所以二极管 VD 叫做续流二极管。

在实际的开关电源中，开关 S 由晶体管或场效应管代替。当开关断开时，电流很小；当开关闭合时，电压很小，所以发热功率（P＝UI）就会很小，这就是开关电源效率高的原因。同时开关电源直接对电网电压进行整流滤波，然后由开关调整管进行稳压，不需要电源变压器；此外，开关工作频率在几十千赫，滤波电容器、电感器数值较小；其对电网的适应能力有较大的提高，一般串联型稳压电源允许电

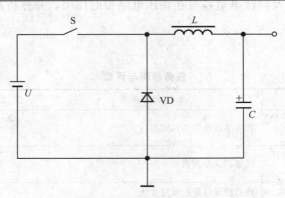

图 2-5　开关电源原理图

网波动为 220V±10％，而开关型稳压电源遇电网电压在 110～260V 范围内变化时，都可获得稳定的输出电压。

任务二　安装三端集成稳压电源

任务教学方式

教学步骤	时间安排	教学方式（供参考）
阅读教材	课余	自学、查资料、相互讨论
知识讲解	4 课时	在课程学习中，应结合多媒体课件演示三端集成稳压器的种类和电路
任务操作	6 课时	对安装三端集成稳压电源实训内容，学生应该边学边练，同时教师应该给予指导
评估检测		教师与学生共同完成任务的检测与评估，并能对问题进行分析与处理

任务分析

　　随着半导体工艺的发展，稳压电路也制成了集成器件。由于集成稳压器具有体积小、外接线路简单、使用方便、工作可靠和通用性强等优点，因此在各种电子设备中的应用十分广泛，基本取代了由分立元件构成的稳压电路。集成稳压器的种类很多，应根据设备对直流电源的要求来进行选择。对于大多数电子仪器、设备和电子电路来说，通常是选用串联线性集成稳压器，而在这种类型的器件中，又以只有输入、输出和公共引出共计三端的三端稳压器为主。三端稳压器根据输出电压是否可调，分固定式和可调式；根据输出电压的极性，分正压和负压稳压器。通过本任务的学习，学生应该做到会制作直流稳压电源，会用仪器、仪表对直流稳压电源进行调试与测量，能排除直流稳压电源的常见故障。

读一读

知识1 三端集成稳压电源的种类及特点

将串联稳压电源和保护电路集成在一起就是集成稳压器。早期的集成稳压器外引线较多，现在的集成稳压器只有3个：输入端、输出端和公共端，称为三端集成稳压器，如图2-6所示。

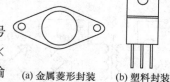

(a) 金属菱形封装   (b) 塑料封装

图2-6 三端集成稳压器外形

78××系列为三端固定输出正压的集成稳压器，型号后两个数字为输出电压值，输出电流可达1A，如78L××系列和78M××系列的输出电流分别为0.1A和0.5A，输出电压有5V、6V、9V、12V、15V、18V和24V共7挡，其外形如图2-7所示。与78××系列对应的有79××系列，它的输出为负电压，如79M12表示输出电压为−12V，输出电流为0.5A，其外形如图2-8所示。

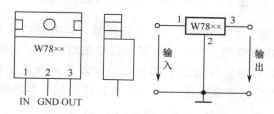

图2-7 W78××系列外形及接线图

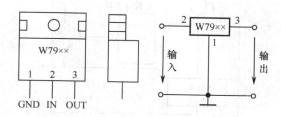

图2-8 W79××系列外形及接线图

78××和79××系列为输出电压固定的三端稳压器，但有些场合要求扩大输出电压的调节范围，就需要使用三端可调式集成稳压器。它也有3个接线端，分别称为输入端 U_I、输出端 U_O 和调整端，种类也较多，输出的电压有正电压和负电压。国际流行的正电压输出稳压器有LM117/217/317系列、LM123系列、LM140系列、LM138系列和LM150系列，这些集成稳压器的命名方法无明显规律，其封装也不相同。最典型的产品为LM317，它的输出电压在1.25～37V之间可调，输出电流可达到1.5A。

知识2 集成稳压电源的电路图

以78××系列为核心组成的典型直流稳压电路如图2-9所示，正常工作时，稳压器的输入、输出电压差为2～3V。电路中接入电容 C_2、C_3 用来实现频率补偿，防止稳压器产生高频自激振荡并抑制电路引入高频干扰；C_1 是电解电容，以减小稳压电源输出端由输入电源引入的低频干扰；VD_5 是保护二极管，当输入端短路时，给输出电容器 C_3 一个放电通路，防止 C_3 两端电压作用于调整管的 be 结，造成调整管 be 结击穿而损坏。

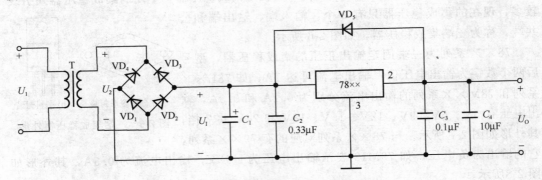

图 2-9　典型 78×× 直流稳压电源原理图

以 LM317 为例，它为三端可调正压输出稳压器，其电路结构和外接元件如图 2-10 和图 2-11 所示。它的内部电路有比较放大器、偏置电路（图中未画出）、恒流源电路和带隙基准电压 U_{REF} 等，它的公共端改接到输出端，器件本身无接地端，所以消耗的电流都从输出端流出，内部的基准电压（1.2V）接至比较放大器的同相端和调整端之间。

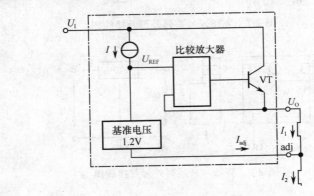

图 2-10　LM317 电路结构

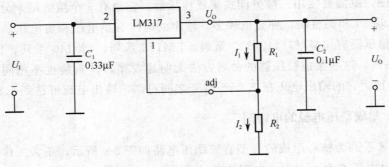

图 2-11　可调式三端稳压器电路

议一议

比较由分立元件构成的稳压电路和集成稳压电路的特点。

练一练

练习　用万用表简易测试集成稳压器的性能

在 78 系列稳压器的 1 和 2 脚间加上直流电压，1 脚接正极，2 脚接负极，如图 2-12 所示。用万用表置于直流电压挡的合适量程上，红表笔接 3 脚，黑表笔接 2 脚，测量 3 脚与 2 脚之间的输出电压。在 79 系列稳压器的 1 和 2 脚间加上直流电压，1 脚接正极，2 脚接负极，如图 2-13 所示。用红表笔接 1 脚，黑表笔接 3 脚，测量 3 脚与 1 脚之间的输出电压。此值应该与标称稳压值吻合，否则，说明稳压器性能不良或已经损坏。

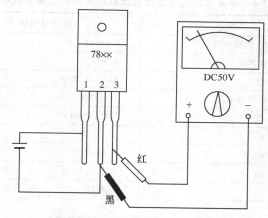

图 2-12　78 系列稳压器测试图

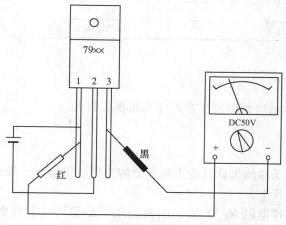

图 2-13　79 系列稳压器测试图

做一做

实验 安装调试三端集成直流稳压电源

1. 实训目的

①掌握集成稳压电路的组成,并通过实训了解其各组成部分的工作原理。
②进一步理解集成三端稳压器的使用。
③熟练掌握万用表、示波器及其他有关仪器的使用方法。

2. 实训所需工具和器材

本实训项目所需的工具和器材见表 2-4。

表 2-4 安装三端集成直流稳压电源所需的工具和器材

序号	名称	型号与规格	数量
1	整流二极管 $VD_1 \sim VD_4$	2N4014	4 只
2	保护二极管 VD_5、VD_6	2CP10	2 只
3	电阻 R_1	$240\Omega/0.25W$	1 只
4	可调电位器电阻 R_2	$4.7k\Omega/0.25W$	1 只
5	电解电容 C_1	$1000\mu F/32V$	1 只
6	电解电容 C_2	$10\mu F/50V$	1 只
7	涤纶电容 C_3	$0.33\mu F/32V$	1 只
8	电解电容 C_4	$1\mu F/32V$	1 只
9	IC	LM317	1 个
10	导线	常用	若干
11	万能实验板	$100mm \times 120mm$	1 块
12	电烙铁、焊锡	自定	1 套
13	万用表	自定	1 块
14	交流变压器	$220V/36V$、$5A$	1 个

3. 实训内容

依据图 2-14 所示的电路原理图在万能实验板上组装。

4. 重点提示

①为了使集成稳压器的优良性能得到充分的发挥,保证稳压器正常工作,要将稳压器安装在适当的散热片上。

②正确连接好取样电阻 R_1 和 R_2。因为稳压器是靠外接取样电阻来给定输出电压的,所以 R_1 和 R_2 的连接是否正常会直接影响稳压性能。在焊接电路时,应让 R_1 尽可能地接近稳压器的调整端与输出端之间,否则,当输出端电流过大时,将会在线路上产生附加的电压降,使输出电压不稳定。R_2 的接地点应该和负载电流返回的接地点相同,

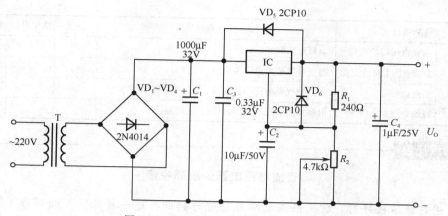

图 2-14　LM317 组成的集成稳压电路

否则，R_2 上的电压降也会引起输出电压的不稳定。R_1 和 R_2 应该用阻值精度高、材料相同的电阻，以保证输出电压的稳定度和精确度。

③注意 4 个整流二极管和电容 C_1 的极性不能接反。整流二极管如果接错可能会烧毁集成稳压器甚至烧毁电源变压器。电容 C_1 的极性如果接反，有可能会使电容爆裂。

④在外接电路全部接好后，应首先检查各个元器件本身是否完好，连接是否正确，有无虚焊、错焊或短路之处。在上述各点都检查正确之后，方可通电，进行下一步的检查与调试。

5. 实训结果与分析

（1）当确认电路无误时进行通电试验

观察电路有无冒烟、焦糊味、放电花等异常现象，如果有，立即切断电源，查出原因。如无异常现象，可用万用表的交流电压挡测量变压器一次电压应为 22V 左右，二次电压应为 18V 左右，用直流电压挡测整流滤波后的直流输出电压为 22V 左右。

（2）输出电压 U_o 和输出电压调节范围

调节电阻 R_2，U_o 可在 1.25～18V 内连续可调，若调节范围达不到要求，应重新调整 R_1 和 R_2 的阻值。

（3）输出电流 I_o 的调整

调节 R_2 使 U_o＝4.5V，改变负载电路 R_L，使输出电流分别为 100mA 和 1.5A，此时 LM317、变压器等元器件应无异常现象发生。

评一评

任务检测与评估

	检测项目	评分标准	分值	学生自评	教师评估
任务知识内容	三端集成稳压器种类	了解不同型号三端稳压器	15		
	三端集成稳压电路	了解 78 系列和 LM317 稳压电路的工作原理	15		

	检测项目	评分标准	分值	学生自评	教师评估
任务操作技能	集成稳压器的性能	会判断性能好坏	20		
	集成稳压电路的安装	能正确组装集成稳压电路	40		
	安全操作	工具和仪器的使用及放置，元器件的拆卸和安装	5		
	现场管理	出勤情况、现场纪律、团队协作精神	5		

知识拓展

直流稳压电源的故障检修

进行故障检修时，首先根据故障现象进行判断并逐一排除。下面列举 LM317 组成的集成稳压电路常见的故障现象及其排除方法，见表2-5（参照图2-14）。

表2-5　LM317 组成的集成稳压电路常见的故障现象及其排除方法

故障现象	测量数据	故障原因
二极管冒烟、变压器发热、无输出电压或输出电压很低、电流很大	短路	二极管接反、滤波电容 C_1 或 C_4 极性接反
输出电压很低，电流很小	$U_o = 8V$	一个或两个二极管以及滤波电容 C_1 脱焊，成为半波整流
	$U_o = 16V$	滤波电容脱焊
	$U_o = 18V$	一个或两个二极管脱焊，成为半波整流，电容滤波
	$U_o = 25V$	三端稳压器的输入端脱焊
调节 R_2 不起作用	$U_o = 21V$	二极管 VD_5 接反
调节 R_2 不起作用	U_o 在 $1.25 \sim 18V$ 之间	VD_6 接反；R_2 滑动点焊片虚焊或脱焊；R_2 已坏；R_1 变质
输出电压中有高频寄生振荡		输出端接 $0.11\,\mu F$ 电容，消除自激振荡

项 目 小 结

①直流稳压电源由变压器电路、整流电路、滤波电路和稳压电路组成。整流电路将交流电压变为脉动的直流电压，滤波电路可减小脉动使直流电压平滑，稳压电路的作用是在电网电压波动或负载电流变化时保持输出电压基本不变。

②简单串联稳压电路结构简单，但输出电压不可调，仅适用于负载电流较小且其变化范围也较小的情况。

③在具有放大环节串联型稳压电源中，调整管、基准电压电路、输出电压取样电路和比较放大电路是其基本的组成部分。

④集成稳压器仅有输入端、输出端和公共端 3 个引出端，使用方便，稳压性较好。

实训与考核

1. 判断题

①直流电源是一种将正弦信号转换为直流信号的波形变换电路。　　　　　（　　）

②直流电源是一种能量转换电路，它将交流能量转换为直流能量。　　　　（　　）

③在变压器二次侧电压和负载电阻相同的情况下，桥式整流电路的输出电流是半波整流电路输出电流的 2 倍，因此，它们的整流管的平均电流比值为 2：1。　　（　　）

④若 U_2 为电源变压器二次侧电压的有效值，则半波整流电容滤波电路和全波整流电容滤波电路在空载时的输出电压均为零。　　　　　　　　　　　（　　）

⑤当输入电压 U_1 和负载电流 I_L 变化时，稳压电路的输出电压是绝对不变的。（　　）

⑥一般情况下，开关型稳压电路比线性稳压电路效率高。　　　　　　　　（　　）

2. 简答题

直流稳压电源有哪些质量指标？它们是如何定义的？

项目三

组装多级放大电路

在电子电路及设备中，三极管的应用十分广泛，是主要的器件之一。它的作用是对信号进行放大或者工作在开关状态对电路进行控制。在电视机、收音机、影碟机等家用电器中，三极管都得到了广泛的应用。在单级放大电路和多级放大电路中三极管是核心部件。

知识目标

1. 熟悉晶体三极管的结构及用途
2. 掌握晶体三极管的特性和主要参数
3. 掌握基本放大电路，了解 3 种类型的放大电路
4. 了解多级放大电路的特点

技能目标

1. 学会使用万用表判断三极管引脚
2. 学会使用万用表调试三极管放大电路的静态工作点

任务一　利用三极管组装单级放大电路

任务教学方式

教学步骤	时间安排	教学方式（供参考）
阅读教材	课余	自学、查资料、相互讨论
知识讲解	4 课时	在课程学习中，应结合多媒体课件演示三极管电流放大的过程，帮助学生了解三极管的内部结构
任务操作	4 课时	对组装单级放大电路实训内容，学生应该边学边练，同时教师应该在实训中有针对性地向学生提出问题，引发思考
评估检测		教师与学生共同完成任务的检测与评估，并能对问题进行分析与处理

任务分析

　　半导体三极管也称为晶体三极管，是电子电路中最重要的器件，其主要功能是电流放大和开关作用。在模拟电子线路中，它可以把微弱的电信号变成一定强度的信号；在数字电子线路中，它可以用作开关元件。三极管的种类很多，并且不同型号有不同的用途。通过学习三极管的结构、用途、放大电路，达到了解三极管的选用方法，熟悉三极管组成的放大电路的目的，并能够把它运用到实践中去。

读一读

知识 1　晶体三极管的结构及分类

　　三极管又称晶体管，它由两个 PN 结（集电结和发射结）构成。按 PN 结的结构来分，三极管可分为 NPN 管和 PNP 管两大类。NPN 型三极管是因其半导体排列顺序为 N、P、N 而得名的，它的中间层为 P 型半导体，上下层为 N 型半导体。同样 PNP 型三极管也有两个 PN 结。在三极管的电路符号中，射极上标有箭头，代表发射结电流的实际方向。晶体管的 3 个电极叫发射极、基极和集电极，分别用 E、B 和 C 表示，如图 3-1 所示。

　　晶体三极管的种类很多，按材料和极性可分为硅材料的 NPN 与 PNP 三极管、锗材料的 NPN 与 PNP 三极管；按用途可分为高频放大管、中频放大管、低频放大管、低噪声放大管、光电管、开关管、高反压管、达林顿管、带阻尼的三极管等；按功率可分为小功率三极管、中功率三极管、大功率三极管；按工作频率可分为低频三极管、高频三极管和超高频三极管；按制作工艺可分为平面型三极管、合金型三极管、扩散型三极管；按外型封装的不同可分为金属封装三极管、玻璃封装三极管、陶瓷封装三极管、塑料封装三极管等。

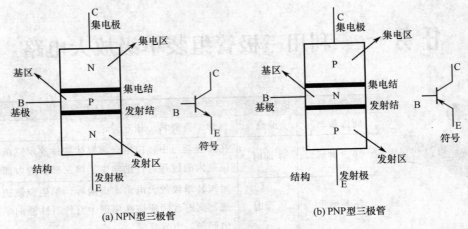

(a) NPN型三极管　　　　　　　　　　(b) PNP型三极管

图 3-1　晶体管的结构示意图

知识 2　晶体三极管的特性和主要参数

1. 晶体三极管的特性

三极管的基本特性是电流放大性。基极电流有一个很小的变化，集电极电流就有一个较大的变化。三极管具有电流放大能力的基本条件是发射结处于正向偏置状态，集电结处于反向偏置状态。

2. 三极管的特性曲线

（1）输入特性曲线

输入特性曲线是指三极管在 U_{CE} 保持不变的前提下，基极电流 I_B 和发射结压降 U_{BE} 之间的关系。由于发射结是一个 PN 结，具有二极管的属性，所以，三极管的输入特性与二极管的伏安特性非常相似。一般说来，硅管的门坎电压约为 0.5V，发射结充分导通时，U_{BE} 约为 0.7V；锗管的门坎电压约为 0.2V，发射结充分导通时，U_{BE} 约为 0.3V，如图 3-2 所示。

（2）输出特性曲线

输出特性曲线是指三极管在输入电流 I_B 保持不变的前提下，集电极电流 I_C 和 U_{CE} 之间的关系，如图 3-3 所示。当 I_B 不变时，I_C 不随 U_{CE} 的变化而变化；当 I_B 改变时，I_C 和 U_{CE} 的关系是一组平行的曲线族，并有截止、放大、饱和 3 个工作区。

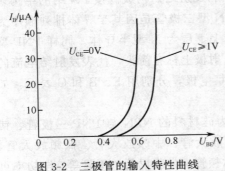

图 3-2　三极管的输入特性曲线

①截止区。$I_B＝0$ 特性曲线以下的区域称为截止区。此时，三极管的发射结电压小于门坎电压，三极管截止。

②放大区。当 E_B 增大而使三极管的发射结导通时，就会出现 I_B。此时，若 I_B 增大，I_C 按 $I_C = \beta I_B$ 的关系进行增大，三极管进入放大区。在放大区，三极管具有电流放大作用，此时三极管的发射结处于正偏，集电结处于反偏。

③饱和区。对于硅管来说，当 U_{CE} 降低到小于 0.7V 时，集电结也进入正向偏置状态，集电极收集电子的能力将下降，此时 I_B 再增大，I_C 将几乎不再增大，三极管失去了电流放大作用，称三极管饱和，这种工作状态称为饱和状态。

在饱和状态下，集电极电流不受基极电流控制，$I_C = \beta I_B$ 的关系也不再成立。

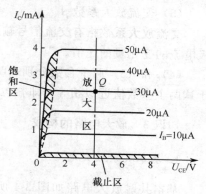

图 3-3 三极管的输出特性曲线

3. 晶体三极管的主要参数

三极管的参数是使用与选用三极管时的重要依据，主要有以下几个。

（1）集电极-基极反向电流

当发射极开路，在集电极与基极间加上规定的反向电压时，集电结中的漏电流就称集电极-基极反向电流（I_{CBO}）。此值越小，表明晶体管的热稳定越好。一般小功率管约 $10\mu A$ 左右，硅管更小些。

（2）集电极-发射极反向电流

当基极开路时，在集电极与发射极之间加上规定的反向电压时，集电极的漏电流就是集电极-发射极反向电流（I_{CEO}），也称穿透电流。此值越小越好，硅管一般较小，约在 $1\mu A$ 以下。如果测试中发现此值较大，此管就不宜使用。

（3）极限参数

①集电极最大允许电流 I_{CM}。当三极管的 β 值下降到最大值的一半时，管子的集电极电流就称为集电极最大允许电流。实际应用时 I_C 要小于 I_{CM}。

②集电极最大允许耗散功率 P_{CM}。当三极管工作时，由于集电极要耗散一定的功率而使集电结发热，当温度过高时就会导致参数的变化，甚至烧毁三极管。为此，规定三极管集电极温度升高到不至于将集电结烧毁所消耗的功率，称为集电极最大耗散功率。使用时为提高 P_{CM} 值，可给大功率管子加上散热片。散热片越大，其 P_{CM} 值就提高得越多。

③集电极-发射极反向击穿电压 BU_{CEO}。当基极开路时，集电极与发射极之间允许加的最大电压。在实际应用时，加到集电极与发射极之间的电压，一定要小于 BU_{CEO}，否则将损坏三极管。

（4）直流放大系数 $\bar{\beta}$

它是指无交流信号时，共发射极电路的集电极输出直流 I_C 与基极输入直流 I_B 的比值。$\bar{\beta}$ 是衡量三极管电流放大能力的一个重要参数，但对于同一个三极管来说，在不同的集电极电流下有不同的 $\bar{\beta}$。

（5）交流放大系数 β

交流放大系数指有交流信号输入时，在共发射极电路中，集电极电流的变化量与基极电流的变化量的比值。

（4）和（5）两个参数分别表明了三极管对直流电流和交流电流的放大能力，但由于这两个参数值近似相等，即 $\beta \approx \bar{\beta}$，因此在实际使用时一般不再区分。

知识 3 放大电路的构成

1. 基本共射放大电路

基本共射放大电路如图 3-4 所示，射极作为参考点，定义为"地"，用符号"⊥"表示，并规定地线的电位为 0V，电路中其他各点的电压，都是指该点对地的电压。

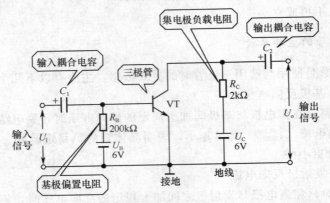

图 3-4 基本共射放大电路

在基本共射放大电路中，各部分的作用见表 3-1。

表 3-1 共射放大电路各部分的作用

名称	作　　用
VT	电流放大
U_C	三极管集电极提供偏置电压
R_C	将集电极电流 I_C 的变化转变为集电极电压 U_{CE} 的变化
U_B	为三极管发射结提供正偏电压
R_B	向基极提供一个合适的基极电流
C_1 和 C_2	耦合电容，隔直流通交流

2. 静态工作点的计算

无输入信号时，放大电路所处的状态称为静态，此时三极管各极的电流和电压值称为静态工作点。对于基本共射放大电路来说，静态工作点常用 I_{BQ}、U_{BQ}、I_{CQ} 及 U_{CQ} 来描述。

计算静态工作点时，先画出直流通路，再根据直流通路来计算（以硅材料三极管为例）。对于如图 3-5（a）所示的放大电路，其直流通路如图 3-5（b）所示。

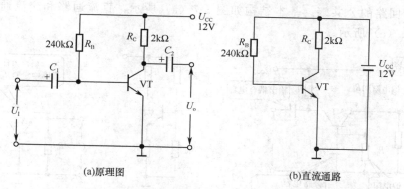

(a)原理图　　　　(b)直流通路

图 3-5　基本共射放大电路静态工作点的计算

此时，有

$$I_{BQ} = \frac{U_{CC} - U_{BQ}}{R_B} = \frac{U_{CC} - 0.7}{R_B} \approx \frac{U_{CC}}{R_B}（当 U_{CC} \gg U_{BQ} 时，U_{BQ} 可忽略）$$

$$I_{CQ} = \beta I_{BQ}$$

$$U_{CQ} = U_{CC} - I_{CQ} \cdot R_C$$

若三极管的 β 值为 50，将 R_B、R_C 及 β 值代入上述公式，则可得

$$I_{BQ} = \frac{U_{CC} - U_{BQ}}{R_B} = \frac{U_{CC} - 0.7}{R_B} \approx \frac{U_{CC}}{R_B} = \frac{12}{240}A = 0.05mA$$

$$I_{CQ} = \beta I_{BQ} = 50 \times 0.05mA = 2.5mA$$

$$U_{CQ} = U_{CC} - I_{CQ} \cdot R_C = (12 - 2.5 \times 2)V = 7V$$

故电路的工作点为 $I_{BQ} = 0.05mA$、$I_{CQ} = 2.5mA$、$U_{CQ} = 7V$。

3. 共集电极和共基极放大电路

共集电极放大电路原理电路如图 3-6（a）所示，交流通路如图 3-6（b）所示。因集电极交流接地，故有"共集"之称。该电路信号从基极输入，从发射极输出，故又称射极输出器或射极跟随器。

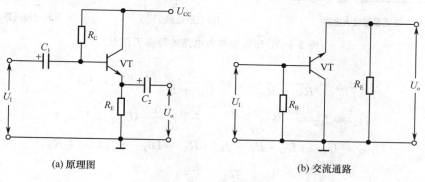

(a) 原理图　　　　(b) 交流通路

图 3-6　共集极放大电路

共基放大电路的信号从发射极输入,从集电极输出。它的基极交流接地,作为输入回路和输出回路的公共端。基本结构如图 3-7(a)所示,直流通路和交流通路分别如图 3-7(b)、(c)所示。

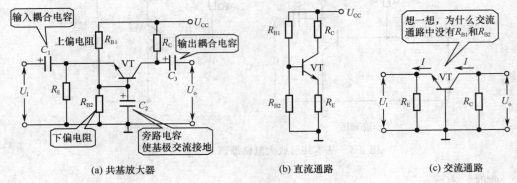

(a)共基放大器 　　(b)直流通路 　　(c)交流通路

图 3-7 共基极放大电路

知识 4 分压式偏置放大电路的分析

1. 静态工作点的计算

分压式偏置放大电路如图 3-8(a)所示,直流通路如图 3-8(b)所示。这种电路的静态工作点包含 U_{BQ}、I_{BQ}、I_{CQ}、U_{CEQ} 四个量,计算步骤:①求出 U_{BQ};②求出 I_{EQ},通过 I_{EQ} 求出 I_{CQ} 及 U_{CEQ};③利用 I_{CQ} 求出 I_{BQ}。

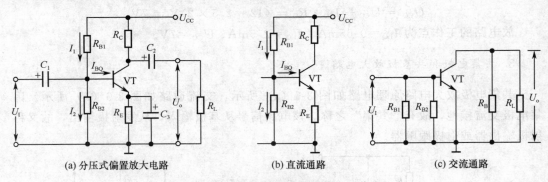

(a)分压式偏置放大电路 　　(b)直流通路 　　(c)交流通路

图 3-8 分压偏置放大电路的静态工作点

$$U_{BQ} = \frac{U_{CC}}{R_{B1} + R_{B2}} R_{B2} = \frac{R_{B2}}{R_{B1} + R_{B2}} U_{CC}(I_1 \gg I_{BQ})$$

$$I_{CQ} \approx I_{EQ} = \frac{U_{BQ} - U_{BEQ}}{R_E} = \frac{U_{BQ} - 0.7}{R_E}(U_{BQ} \gg U_{BEQ})$$

$$U_{CEQ} = U_{CC} - I_{CQ} \cdot R_C - I_{EQ} \cdot R_E \approx U_{CC} - I_{CQ}(R_C + R_E)$$

$$I_{BQ} = \frac{I_{CQ}}{\beta}$$

2. 电压放大倍数的计算

交流通路如图 3-8（c）所示，电压放大倍数的计算公式与基本共射放大电路一样，即

$$A_V = \beta \frac{R'_L}{r_{be}}（不考虑相位关系）$$

3. 输入电阻 r_i 和输出电阻 r_o

由交流等效电路可知：$r_i = R_{B1} \mathbin{/\mkern-5mu/} R_{B2} \mathbin{/\mkern-5mu/} r_{be}$；$r_o \approx R_C$。

议一议

①测得放大电路中三极管的两个电极的电流大小和方向，如何求另一电极电流的大小和方向？

②设置了不合适的静态工作点，在放大电路中会出现什么样的情况？

练一练

练习　三极管极性、引脚、质量的判别和静态工作点的调试

1. 三极管极性的简单判别

对于小功率三极管来说，有金属外壳封装和塑料外壳封装两种。对于金属外壳封装的，如果管壳上带有定位销，那么，将管底朝上，从定位销起，按顺时针方向，3 根电极依次为 e、b、c；如果管壳上无定位销，且 3 根电极在半圆内，将有 3 根电极的半圆置于上方，按顺时针方向，3 根电极依次为 e、b、c，如图 3-9（a）所示。而对于塑料外壳封装的，面对平面，3 根电极置于下方，从左到右，3 根电极依次为 e、b、c，如图 3-9（b）所示。

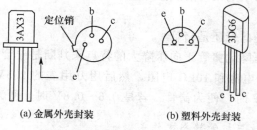

(a) 金属外壳封装　　　　　(b) 塑料外壳封装

图 3-9　三极管的识别

2. 利用万用表判别三极管的引脚和质量

要想知道三极管的性能好坏，并定量分析其参数，则需要专门的测量仪器，如 JT-1 晶体管特性图示仪等。当不具备专用的测量仪器时，用万用表可以粗略地判断三极管的好坏。大功率三极管的检测方法与中、小功率三极管的检测方法完全一样，但检测大功率管时万用表的量程需换用 R×1 或 R×10 挡。因为大功率晶体管的漏电流都比较大，如果仍用 R×100 或 R×1k 挡测量极间电阻时就会出现阻值特别小的现象，这样就很难

判断管子的性能，因此检测大功率三极管时应选用 R×1 或 R×10 挡。

（1）三极管性能好坏的检测

通过测量三极管极间电阻的大小，可以判别管子的内部是否短路、开路。其方法是：用万用表的 R×1k 挡或 R×100 挡测量管子的基极与集电极之间的正向电阻与反向电阻，基极与发射极之间的正向电阻和反向电阻。

对于正常的中、小功率三极管而言，其正向电阻为几百欧至几千欧，其反向电阻为几百千欧以上。不论是正向电阻还是反向电阻，硅材料的三极管都要比锗材料的三极管的极间电阻高。当测得的正向电阻近似于无穷大时，表明管子内部开路。如果测得的反向电阻很小或为零时，说明管子已被击穿或短路。在检测小功率三极管时应选用万用表的 R×100 或 R×1k 挡，绝不能用 R×1 或 R×10 挡，因为前者的电流大，后者的电压较高，都可能造成三极管的损坏。

（2）三极管的引脚判别

三极管的引脚位置可通过用万用表的欧姆挡测其极间阻值进行判别。

①基极的判别：将机械型万用表置于 R×1k 挡，用黑表笔接三极管的任意一极，再用红表笔分别去接触另外两个电极测其正、反向电阻，直到出现测得的两个电阻都很大（在测量过程中，如果出现一个阻值很大，另一个阻值很小，此时就需将黑表笔换一个电极再测），此时黑表笔所接电极就是三极管的基极 b，而且为 PNP 型管子。当测得的两个阻值都很小时，黑表笔所接就为基极，而且为 NPN 型管子。

②集电极、发射极的判别。对锗材料的 PNP、NPN 待测管子，可先用上述方法确定管子的基极 b，然后再测剩余两个电极的阻值，对调表笔各测一次。在阻值较小的一次测量中，对 PNP 型管子红表笔所接为集电极，黑表笔所接为发射极。对于 NPN 型管，红表笔所接为发射极，黑表笔所接为集电极。

对于 NPN 型硅管，可在基极与集电极之间接一个 100kΩ 的电阻。用上述同样的方法，测除基极以外的两个电极间的阻值，其中阻值较小的一次，黑表笔所接为集电极，红表笔所接为发射极。

（3）判别三极管是硅管还是锗管

根据硅管的正向压降比锗管正向压降大的特点来判断是硅管还是锗管。在基极与发射极回路中接入 1.5V 电池和 10kΩ 电阻，然后用万用表的 2.5V 挡测其发射极的正向压降。若是 0.2～0.3V 时，便为锗管；若是 0.6～0.8V 时，便为硅管。

3. 利用万用表调试三极管静态工作点

①静态工作点的测量就是测出三极管各电极对地直流电压 U_B、U_C，U_E 和集电极电流 I_{CQ}，根据 $U_{CE}=U_C-U_E$ 计算得到 U_{CE}，同理得到 U_{BE}。一般地，应避免对 U_{BE}、U_{CE} 进行直接测量，以防止某些仪表内阻不够高，而给测量结果带来较大测量误差。在测量电路中的电流时，通常采用测量电压来换算电流，这样可以避免更动电路。例如，要测出 I_C 时，只需测出 U_E，即可知 $I_{CQ}=I_{EQ}=U_E/R_e$，或者测出 U_C，由 $I_{CQ}=(U_{CC}-U_C)/R_C$ 得到 I_{CQ}。

②测量静态工作点的目的是了解管子的静态工作点是否合适。如果测得 $U_{CE}<0.5V$，说明管子已饱和；如果测得 U_{CE} 接近电源电压 U_{CC}，说明管子已截止，此时就需

要对静态工作点进行调整。调整静态工作点通常用改变基极偏置电阻器 R_P 来实现。因为 R_P 改变，引起 I_B 变化，I_C、U_{CE} 也随之变化。

做一做

实验　搭接分压式偏置放大电路

1. 实训目的

①熟悉分压式偏置放大电路的原理，熟悉组成放大电路各元件的作用。
②熟练掌握三极管的 3 种工作状态。
③熟练使用万用表测量电压、示波器观察波形。

2. 实训工具及器材

本实训项目所需的工具和器材见表 3-2。

表 3-2　搭接分压式偏置放大电路所需的工具和器材

序号	名称	型号与规格	数量
1	三极管	9013（8050）	1 只
2	电阻 R_1、R_2	10kΩ/0.25W	2 只
3	电阻 R_3、R_5	5.1kΩ/0.25W	2 只
4	电阻 R_4	2.2kΩ/0.25W	1 只
5	电容 C_7、C_8、C_9	33μF/16V	3 只
6	可调电位器 R_P	500kΩ/0.25～0.5W	1 只
7	导线	常用	若干
8	万能实验板	100mm×120mm	1 块
9	电烙铁、焊锡	自定	1 套
10	直流稳压电源	0～36V	1 台
11	信号发生器	XD	1 只
12	示波器	自定	1 台
13	万用表	自定	1 只

3. 组装调试

（1）组装
依据图 3-10 所示的分压式偏置放大电路原理图在万能实验板上组装。
（2）调试
①用万用表测量三极管工作的 3 种状态下对应点的电压值。

稳压电源调到 9V，把安装好的电路连接到稳压电源上，调节可调电位器 R_P，调出三极管工作的 3 个工作状态，用万用表测量对应 3 个工作状态下电路中标注的几点电压，并将数值填入表 3-3 中。

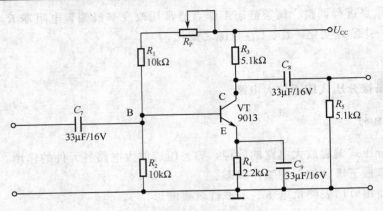

图 3-10　分压式偏置放大电路

表 3-3　分压式偏置放大电路测试点电压

三极管状态	U_B	U_C	U_E	U_{BE}	U_{CE}
饱和					
截止					
放大					

②用示波器观察三极管工作的 3 种状态对应的输出波形。

把信号发生器调到 2kHz 的正弦波，并接入电路输入端，调节信号的幅度，用示波器观察输出信号，使输出信号的幅值最大且不失真。

维持输入信号的幅度，调节可调电位器，减小分压偏置电阻，直至输出信号负半周出现最大失真为止。此刻从示波器上观察到的波形即是因工作点太高引起的饱和失真，并将此波形画出。

维持输入信号的幅度，调节可调电位器，增大分压偏置电阻，直至输出信号正半周出现最大失真为止。此刻从示波器上观察到的波形，就是工作点太低所产生的截止失真波形，并将此波形画出。

评一评

任务检测与评估

	检测项目	评分标准	分值	学生自评	教师评估
任务知识内容	三极管的特性	掌握三极管的电流放大特性	15		
	分压式偏置放大电路的分析	能够识读原理图和会利用万用表调试静态工作点	15		
任务操作技能	三极管的检测	学会用万用表判别三极管的极性和质量	30		
	分压式偏置放大电路的制作	能焊接放大电路	30		
	安全操作	掌握工具和仪器的使用及放置，元器件的拆卸和安装	5		
	现场管理	出勤情况、现场纪律、团队协作精神	5		

知识拓展

1. 场效应晶体管放大器

半导体三极管是利用输入电流来控制输出电流的半导体器件，称为电流控制型器件，而场效应晶体管是利用输入电压产生电场效应来控制输出电流的器件，因此称为电压控制型器件。它与普通的电流控制的晶体三极管比较，具有输入电阻高、噪声低等特点，在电子电路中应用广泛。场效应管的外形和晶体三极管差不多，如图 3-11 所示，其种类若从结构上划分，主要有结型场效应管和绝缘栅场效应管两类；若根据所用半导体材料的不同，可分为 N 沟道和 P 沟道两种。

（1）场效应管的分类

①结型场效应晶体管。结型场效应晶体管的电路符号如图 3-12 所示，分 3 个电极：漏极（D）、源极（S）、栅极（G）。D 和 S 可交换使用。

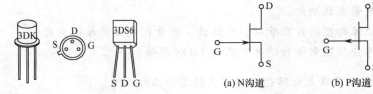

图 3-11　场效应管的外形　　　图 3-12　结型场效应管的电路符号

②绝缘栅型场效应晶体管。栅极与漏、源极完全绝缘的场效应晶体管，称为绝源栅型场效应晶体管，用符号 MOS 表示，分增强型和耗尽型两种，每种又有 N 沟道和 P 沟道之分。电路符号如图 3-13 所示。

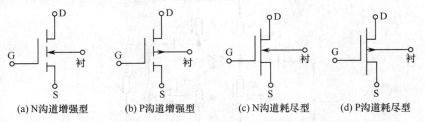

(a)N沟道增强型　　　(b)P沟道增强型　　　(c)N沟道耗尽型　　　(d)P沟道耗尽型

图 3-13　绝缘栅型场效应管的电路符号

（2）场效应晶体管与三极管的比较

场效应晶体管与三极管的比较见表 3-4。

表 3-4　场效应晶体管与三极管的比较

项　　目	普通三极管	场效应晶体管
极型特点	双极型器件	单极型器件
控制方式	电流控制	电压控制
类型	NPN 型、PNP 型	主要分为 N 沟道、P 沟道
输入电阻	$10^2 \sim 10^4 \Omega$	$10^7 \sim 10^{15} \Omega$

续表

项　　目	普通三极管	场效应晶体管
噪声	较大	较小
热稳定性	差	好
抗辐射力	差	强
制造工艺	复杂	简单

（3）使用场效应管时的注意事项

①结型场效应管的漏极与源极是对称的，可以互换，但有些 MOS 产品制作时将衬底与源极在内部连接在一起，不能互换。

②结型场效应管的栅-源电压不能接反，但可以在开路状态下保存；绝缘栅型场效应管存放时必须将各电极之间短路且用金属屏蔽包装。

③结型场效应管可用万用表检测管的质量，但绝缘栅型场效应管的检测必须用专用仪器或带负载测试。

④焊接绝缘栅型场效应管时，电烙铁、测量仪表必须接地良好。

⑤不允许在接通电源的情况下装拆 MOS 器件。

2. 分压式偏置放大电路静态工作点稳定的工作原理

分压式偏置放大电路具有稳定工作点的功能。电路如图 3-14 所示。R_{B1} 接在基极与电源之间，称为上偏电阻；R_{B2} 接在基极与地之间，称为下偏电阻；射极接有电阻 R_E，常称该电阻为射极电阻。电路要求满足 $I_2 \gg I_{BQ}$。

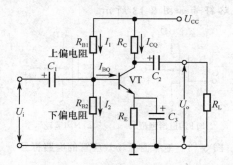

图 3-14　分压式偏置放大电路

在分压式偏置放大电路中，三极管 B、E 之间的静态电压用 U_{BEQ} 表示，射极对地的静态电压用 U_{EQ} 表示，C、E 之间的静态电压用 U_{CEQ} 表示，其他静态量的表示方法仍同基本共射放大电路。

R_E 能稳定静态工作点。例如，当温度 T 上升引起 I_{CQ} 上升时，电路稳定工作点的过程如下：

$$T{\uparrow} \rightarrow I_{CQ}{\uparrow} \rightarrow I_{EQ}{\uparrow} \rightarrow U_{EQ}{\uparrow} \rightarrow U_{BEQ}(U_{BQ}-U_{EQ}){\downarrow} \rightarrow I_{BQ}{\downarrow} \rightarrow I_{CQ}{\downarrow}$$

但这样会使电压放大倍数下降，为此，在 R_E 旁边并联一个旁路大电容 C_3。

任务二　组装多级放大电路

教学步骤	时间安排	教学方式（供参考）
阅读教材	课余	自学、查资料、相互讨论
知识讲解	2课时	在课程学习中，应结合多媒体课件演示组装多级放大电路的过程，给学生一个清晰的认识
任务操作	4课时	对组装多级放大电路实训内容，学生应该边学边练，同时教师应该加以引导，使学生对静态工作点有更深的认识
评估检测		教师与学生共同完成任务的检测与评估，并能对问题进行分析与处理

　　由一个三极管构成的单级放大电路，其放大倍数一般为几十倍，而在实际使用时要求的放大倍数往往很大。为了达到更大的放大倍数，需要把若干个单级放大电路连接起来，组成多级放大电路。通过本任务的学习，学生应该掌握多级放大电路的级间耦合方式以及多级放大电路的静态和动态分析。

读一读

知识1　级间耦合方式及其特点

　　将多个单级放大电路按一定的方式连接起来就构成了多级放大电路。各级之间的连接方式称为耦合方式。

　　在多级放大电路中，放大电路之间的耦合方式有3种，即阻容耦合、变压器耦合和直接耦合。

　　（1）阻容耦合

　　利用电容将各级放大电路连接起来的方式叫阻容耦合，典型电路如图3-15所示。

　　采用阻容耦合时，由于电容具有隔直流通交流的作用，使得前、后两级放大电路的静态工作点彼此独立，互不影响。

　　（2）变压器耦合

　　利用变压器将各级放大电路连接起来的方式叫变压器耦合，典型电路如图3-16所示。T_1和T_2为级间耦合变压器，负责将信号从前一级传递到后一级。

　　变压器也具有隔直流通交流作用，能使前、后两级之间的工作点互不牵连，彼此独立。变压器还具有阻抗变换作用，能实现阻抗匹配。

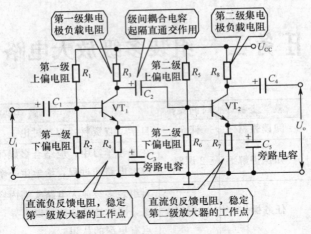

图 3-15　多级放大电路的阻容耦合

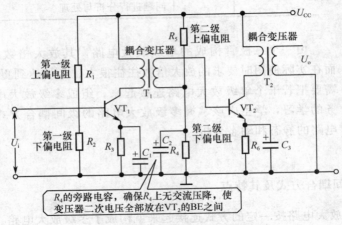

图 3-16　多级放大电路的变压器耦合

（3）直接耦合

将前一级的输出端与后一级的输入端直接连接起来的方式叫直接耦合，简称直耦。典型电路如图 3-17 所示。

直接耦合放大电路的最大优点是低频响应非常好，但存在各级工作点互相牵连的缺点。

知识 2　多级放大电路的分析

以阻容耦合多级放大电路为例，如图 3-18 所示。

①各级静态工作点的计算方法与单级放大电路完全一样。

②多级放大电路的电压放大倍数等于各级放大倍数之积，即

$$A_V = \frac{U_o}{U_i} = \frac{U_{o1}}{U_i} \cdot \frac{U_o}{U_{o1}} = A_{V1} \cdot A_{V2}$$

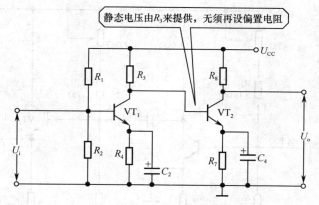

图 3-17 多级放大电路的直接耦合

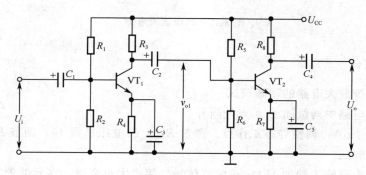

图 3-18 多级放大电路

③多级放大电路的输入电阻就等于第一级的输入电阻，输出电阻就等于最后一级的输出电阻，计算方法同单级放大电路。

议一议

在阻容耦合方式中，各级工作点相互独立，放大倍数与频率是否有关？在直接耦合方式中呢？

练一练

练习　测试两级放大电路的静态工作点和动态工作点

两级放大电路第一级为共射分压式偏置电路，第二级为共集电极电路，如图 3-19 所示。

1. **静态调试**

①如图 3-19 所示接好电路，将 R_{P1}、R_{P2} 调至中间位置，接上＋12V 直流电源。

②断开信号源，将放大器输入端短接，用万用表测量两级放大电路各自的直流电压 U_B、U_C、U_E，并计算出各自的静态工作点。

③改变 R_{P1} 和 R_{P2}，再用万用表测量电路的静态工作点，观察结果有什么变化。

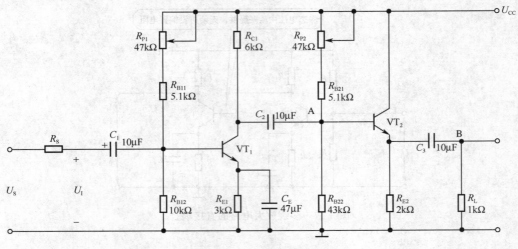

图 3-19   两级放大电路

2. 动态调试

（1）第一级放大电路的动态调试

①将实验电路中两级间的 A 点处断开。

②若 $I_C=1mA$，调整静态工作点。测量 R_{E1} 上的电压求得 I_E，调节 R_{P1}，使 $U_{E1}=3V$，即 $I_C=1mA$。

③在放大电路输入端加 1kHz 正弦波信号，幅度大小合适，在示波器上观察输出波形不失真。

④测量电压放大倍数 A_V。用毫伏表测量输入、输出电压值 U_I 和 U_o，计算 A_V 值。再将负载 $R_I=1k\Omega$ 取下接在 A 点处，测量带负载时的放大倍数。

⑤测量输入电阻 R_I。在放大电路输入端与信号源输出端之间接入一个电阻 $R_S=1k\Omega$，输入正弦信号电压，同时用示波器监视输出波形。在不失真情况下，测量 R_S 两端分别对地电压 U_S 和 U_I，根据公式 $R_I=U_I R_S/(U_S-U_I)$ 计算 R_I。

⑥测量输出电阻 R_O。选定一个合适的输入信号 U_I，在输出波形不失真的情况下，先测量当负载 R_L 开路时的输出电压 U_O，再测量接上负载 $R_L=5.6k\Omega$ 时的输出电压 U_O。通过式 $R_O=(U_O-U_{OL})R_L/U_{OL}$ 计算 R_O。

（2）第二级放大电路的动态调试

①将放大电路的 A 点处重新连接好，B 点处接上 $R_L=1k\Omega$ 负载。

②输入一个正弦信号，在输出信号无失真的情况下测量两级放大电路的放大倍数，比较这两级放大电路的放大倍数 。

③测量第二级放大电路的输出电阻，与第一级放大电路的输出电阻比较。

3. 观察工作点对输出波形的影响

在放大器的输入端加入由信号发生器产生的 1kHz 的正弦信号，输出电压 U_O 用示波器监视。不断加大输入信号的幅度，直到使输出为最大不失真波形。此时保持 R_{P2} 数值不变，调节 R_{P1} 为最大值和最小值，观察输出波形有何变化。

做一做

实验 组装调试两级放大电路

1. 实训目的

掌握如何合理设置静态工作点，了解放大电路的失真及消除方法。

2. 实训所需工具和器材

本实训项目所需的工具和器材见表 3-5。

表 3-5 组装调试两级放大应用电路所需的工具和器材

序号	名称	型号与规格	数量
1	三极管	9013（8050）	2 只
2	电阻 R_2、R_{B1}	51kΩ	2 只
3	电阻 R_1、R_C	5.1kΩ	2 只
4	电阻 R_{B21}	47kΩ	1 只
5	电阻 R_{B22}	20kΩ	1 只
6	电阻 R_{C2}	3kΩ	1 只
7	电阻 R_E	1kΩ	1 只
8	电阻 R_1	3kΩ	1 只
9	可调电位器 $2R_{P2}$	100kΩ	1 只
10	电容 $C_1 \sim C_4$	10μF	4 只
11	可调电位器 $1R_{P1}$	680kΩ	1 只
12	导线	常用	若干
13	万能实验板	100mm×120mm	1 块
14	电烙铁、焊锡	自定	1 套
15	直流稳压电源	0～36V	1 台
16	信号发生器	XD	1 只
17	示波器	自定	1 台
18	万用表	自定	1 只

3. 实训内容

①按图 3-20 所示的两级放大电路原理图在万能实验板上组装。

②设置静态工作点。利用信号发生器在输入端加上 1kHz 幅度为 1mV 的交流信号，同时调整工作点，使第二级输出波形不失真且幅值最大。按表 3-6 所列要求测量并计算。注意测量静态工作点时，应该断开输入信号。

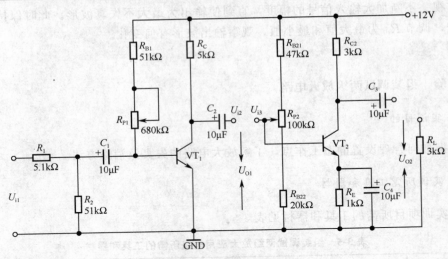

图 3-20　两级放大电路

表 3-6　测量放大电路各参数

参数	静态工作点（使用万用表测）						输入/输出电压（mV）（使用示波器）			电压放大倍数		
	第 1 级			第 2 级						第 1 级	第 2 级	整体
	U_{C1}	U_{B1}	U_{E1}	U_{C2}	U_{B2}	U_{E2}	U_I	U_{O1}	U_{O2}	A_{V1}	A_{V2}	A_V
空载												
负载												

③接入负载电阻 $R_L = 3\text{k}\Omega$，按表 3-6 测量并计算，比较步骤②、③的结果。

评一评

任务检测与评估

	检测项目	评分标准	分值	学生自评	教师评估
任务知识内容	多级放大电路的耦合方式	掌握电容耦合、变压器耦合、直接耦合的特点	15		
	两级放大电路的分析	能够识读原理图、会利用万用表测试静态工作点	15		
任务操作技能	工作点的检测	学会用万用表测试静态和动态工作点	30		
	两级放大电路的制作	能焊接两级放大电路	30		
	安全操作	掌握工具和仪器的使用及放置，元器件的拆卸和安装	5		
	现场管理	出勤情况、现场纪律、团队协作精神	5		

知识拓展

通 频 带

通频带用于衡量放大电路对不同频率信号的放大能力。由于放大电路中电容、电感及半导体器件结电容等电抗元件的存在，在输入信号频率较低或较高时，放大倍数的数值会下降并产生相移。通常情况下，放大电路只适用于放大某一个特定频率范围内的信号。

图 3-21 所示为某放大电路的幅频特性曲线。

下限截止频率 f_L：在信号频率下降到一定程度时，放大倍数的数值明显下降，使放大倍数的数值等于 0.707 倍的频率称为下限截止频率 f_L。

上限截止频率 f_H：信号频率上升到一定程度时，放大倍数的数值也将下降，使放大倍数的数值等于 0.707 倍的频率称为上限截止频率 f_H。

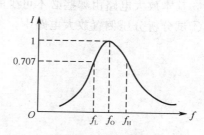

图 3-21 放大电路的幅频特性曲线

通频带 f_{BW}：f_L 与 f_H 之间形成的频带称中频段或通频带 f_{BW}。

$$f_{BW} = f_H - f_L$$

通频带越宽，表明放大电路对不同频率信号的适应能力越强。

项 目 小 结

①三极管又称晶体管，它由两个 PN 结构成。三极管可分为 NPN 管和 PNP 管两大类。管子的 3 个电极叫发射极、基极和集电极，分别用 E、B 和 C 表示。

②三极管具有电流放大能力的基本条件：发射结处于正向偏置状态，集电结处于反向偏置状态。

③三极管的输入特性与二极管的伏安特性非常相似。

④输出特性曲线是指三极管在输入电流 I_B 保持不变的前提下，集电极电流 I_C 和 U_{CE} 之间的关系，有截止、放大、饱和 3 个工作区。

⑤基本共射放大电路和分压式偏置放大电路的静态工作点包含 U_{BQ}、I_{BQ}、I_{CQ}、U_{CEQ} 这 4 个量。

⑥在多级放大电路中，放大电路之间的耦合方式有 3 种，即阻容耦合、变压器耦合、直接耦合。

通过搭接分压式偏置放大电路和组装多级放大电路，掌握了三极管的特点及应用，使用万用表和示波器对两个放大电路的调试，加深了对模拟电路的认识，使抽象的电路更加具体化。

实训与考核

1. 计算题

在一个放大电路中，测得一晶体管的 3 个电极的对地电位分别为 $-6V$、$-3V$、$-3.2V$。试判断该晶体管是 NPN 型还是 PNP 型？是硅管还是锗管？并确定 3 个电极。

2. 简答题

①三极管具有放大作用的内部条件和外部条件各是什么？

②试在特性曲线上指出三极管的 3 个工作区：放大区、截止区、饱和区。

③基本放大电路由哪些必不可少的部分组成？各元件有什么作用？

④试分析分压偏置放大电路中，射极电阻 R_E 和它的并联电容 C_E 的作用原理。

项目四

组装音频功放电路

在多级放大电路中，输出的信号往往都是送到负载，去驱动一定的装置，如收音机中扬声器的线圈。这就要求有一个足够大的输出功率来驱动后级电路。这类用于向负载提供功率的放大电路称为功率放大电路，简称功放电路。

1. 掌握差动放大电路的工作原理及特点
2. 掌握集成运算放大电路的原理及特点
3. 理解负反馈放大电路
4. 掌握低频功率放大器的特点
5. 了解 OTL 电路、OCL 电路原理

1. 学会利用万用表测试反相比例放大电路、同相比例放大电路
2. 理解 OTL 电路、OCL 电路
3. 学会测试和调试集成功放电路

任务一 安装集成运放电路

教学步骤	时间安排	教学方式（供参考）
阅读教材	课余	自学、查资料、相互讨论
知识讲解	4 课时	在课程学习中，应结合多媒体课件演示安装集成运放电路的过程，给学生一个清晰的认识
任务操作	4 课时	对安装集成运放电路实训内容，学生应该边学边练，同时教师应该在实训中有针对性地向学生提出问题，引发思考
评估检测		教师与学生共同完成任务的检测与评估，并能对问题进行分析与处理

运算放大电路是一个高增益的多级耦合放大电路，最初用于模拟计算机的数值运算。随着集成电路技术的发展，它被广泛运用到各个领域。通过学习差动放大电路、集成运算放大电路、负反馈放大电路，能够安装、调试集成运放电路，会利用相应的电工仪表测量电路，并排除常见故障。

读一读

知识 1 差动放大电路

由于在集成电路中应用大电容和电感较困难，所以采用直接耦合放大电路。但是直接耦合放大电路存在一个缺点，即零点漂移现象。

所谓零点漂移（简称零漂），就是当放大电路的输入端短路时，输出端还有缓慢变化的电压产生，即输出电压偏离原来的起始点而上下漂动。

克服零漂可以采用在电路中引入直流负反馈的方法，也可以采用温度补偿的方法，即：利用热敏元件来抵消放大管的变化，而最常用的方法是采用特性相同的管子，使它们的温漂相互抵消，这就是差动放大电路。

1. 差动放大电路的结构

基本差动放大电路如图 4-1 所示。它是将两个特性相同的基本放大电路组合在一起而形成的差动放大电路。VT_1 和 VT_2 为同一型号的三极管 $R_1 = R_2$，$R_3 = R_4$，$R_5 = R_6$。

放大器具有两个输入端、两个输出端。信号分别从两管基极之间输入，从两管集电极之间取出，即 $U_O = U_{c1} - U_{c2}$。

在无信号输入时，输出信号为 0。

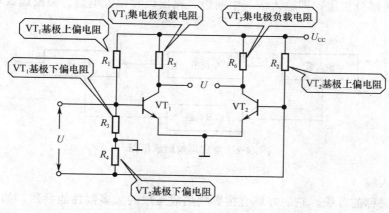

图 4-1 差动放大电路

2. 差动放大电路的工作原理

（1）差模信号输入

差模信号是指两管基极输入大小相等、相位相反的信号。

当输入差模信号时，差动放大器就会有输出信号，即放大器能放大差模信号，且放大倍数等于单级放大器的放大倍数。

（2）共模信号输入

共模信号是指两管基极输入大小相等、相位相同的信号。

差动放大器在两边完全对称的情况下对共模信号没有放大能力，这是差动放大器的突出优点。在实际电路中，影响电路工作的各种内部和外部因素（如温度变化、电源波动等），都相当于共模信号。例如无论是温度变化，还是电源电压的波动都会引起两管集电极电流以及相应的集电极电压相同的变化，其效果相当于在两个输入端加入了共模信号。由于电路的对称性，在理想情况下，可使输出电压不变，从而抑制了零点漂移。

因此差动放大器具有差模放大、共模抑制的特点。

（3）共模抑制比

由于电路不可能绝对对称，从而使差动放大器不可能完全抑制共模信号。通常将差动放大器对差模信号的放大倍数与对共模信号的放大倍数之比叫共模抑制比，用 K_{CMR} 表示。

共模抑制比是衡量差动放大器性能好坏的一项重要指标。在设计差动放大器时，应想方设法提高共模抑制比。

知识 2 集成运算放大器

1. 集成运算放大器的组成

集成运算放大器是一种高电压增益、高输入电阻和低输出电阻的多级直接耦合放大电路。它由 4 部分组成，即输入级、中间级、输出级和偏置电路。集成运放组成框图如图 4-2 所示。

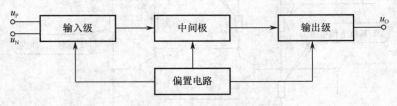

图 4-2   集成运放组成框图

（1）输入级

输入级又称前置级，它的好坏直接影响集成运放的大多数性能参数，如良好的输入级增大输入电阻、减小零漂、提高共模抑制比等。所以，输入级一般是一个双端输入的高性能差分放大电路，它的两个输入端构成整个电路的反相输入端和同相输入端。

（2）中间级

中间级的主要作用是提高电压增益，它可由一级或多级放大电路组成。而且为了提高电压放大倍数，增大输出电压，经常采用复合管作放大管，以恒流源作有源负载的共射放大电路。

（3）输出级

集成运放的输出级一般要求输出电压幅度大、输出功率大、效率高、输出电阻较小，提高带负载能力。因此，一般采用互补对称的电压跟随器。

（4）偏置电路

偏置电路的作用是为输入级、中间级和输出级提供静态偏置电流，建立合适的静态工作点。一般采用电流源电路形式。

2. 集成运算放大器的符号

运算放大器的符号中有 3 个引线端：一个称为同相输入端，即该端输入信号变化的极性与输出端相同，用符号"＋"或"U_{i1}"表示；另一个称为反相输入端，即该端输入信号变化的极性与输出端相反，用符号"－"或"U_{i2}"表示。第三个是输出端，一般画在输入端的另一侧，在符号边框内标有"＋"号。集成运算放大器的符号按照国家标准符号如图 4-3 所示。

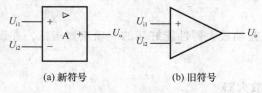

(a) 新符号   (b) 旧符号

图 4-3   集成运算放大器符号

集成运算放大器的外形图如图 4-4 所示。

图 4-4　集成运算放大器的外形图

3. 理想集成运算放大器的主要特性

（1）虚短

"虚短"是指在分析运算放大器处于线性状态时，可以把两输入端视为等电位，这一特性称为虚假短路，简称虚短。显然不能将两输入端真正短路。

（2）虚断

"虚断"是指在分析运算放大器处于线性状态时，由于高输入阻抗可以把两输入端视为等效开路，这一特性称为虚假开路，简称虚断。显然不能将两输入端真正断路。

4. 集成运放的应用

（1）用于电压放大

如图 4-5 所示为反相电压放大器和同相电压放大器。

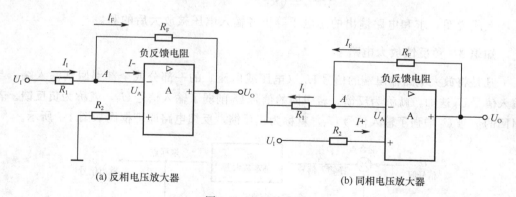

(a) 反相电压放大器　　　　　　　　　(b) 同相电压放大器

图 4-5　电压放大器

因 $I_- = 0$，故认为集成运算放大器的输入端不取电流，就如同断路一样，称为"虚断"。

由于输出电压 U_O 是一个数值有限的电压，而集成运算放大器的增益又很高，所以净输入电压 U_A（$U_A = |U_- - U_+|$）一定很小，并接近"地"电位，因此常将 A 点称为"虚地"。

由于 $I_I = I_F + I_- = I_F$，而 $I_I = \dfrac{U_I}{R_1}$，$I_F = -\dfrac{U_O}{R_F}$（A 点是"虚地"，计算时，将 A 点看作是地），故 $\dfrac{U_I}{R_1} = -\dfrac{U_O}{R_F}$。从而得到电路的电压放大倍数为：$A_U = \dfrac{U_O}{U_I} = -\dfrac{R_F}{R_1}$（"—"

号表示输入信号与输出信号相位相反）。

同理，也可用集成运算放大器构成同相电压放大器，如图 4-5（b）所示。此时，电压放大倍数 $A_U = 1 + \dfrac{R_F}{R_1}$。当 $R_F = 0$ 时，$A_U = 1$，此时，电路就成了电压跟随器，U_O 等于 U_I。

（2）用于求和运算

如图 4-6 所示的电路是由集成运算放大器构成的反相求和电路。

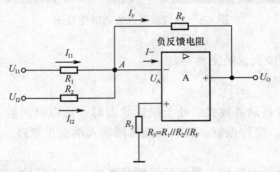

图 4-6　反相求和电路

因 $I_{I1} + I_{I2} = I_F$，即

$$\frac{U_{I1}}{R_1} + \frac{U_{I2}}{R_2} = -\frac{U_O}{R_F}$$

$$U_O = -\left(\frac{R_F}{R_1}U_{I1} + \frac{R_F}{R_2}U_{I2}\right)$$

上式说明，求和电路输出的总电压等于各输入电压被放大后的和。

知识 3　负反馈放大电路

凡是将放大电路输出端的信号 U_O（电压或电流）的一部分或全部引回到输入端，与输入信号 U_S 迭加，就称为反馈。若引回的信号 U_F 削弱了输入信号 U_S，就称为负反馈。若引回的信号 U_F 增强了输入信号 U_S，就称为正反馈。反馈电路原理框图如图 4-7 所示。

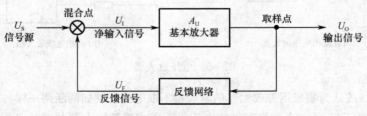

图 4-7　反馈电路原理框图

在图 4-7 反馈电路原理框图中，$U_I = U_S \pm U_F$ 若 $U_I = U_S + U_F$ 为正反馈，则 $U_I = U_S - U_F$ 为负反馈。这里所说的信号一般是指交流信号，所以判断正负反馈，就要判断反馈信号与输入信号的相位关系，同相是正反馈，反相是负反馈。正反馈的作用是加强

输入信号，用于振荡器；负反馈的作用是削弱输入信号，用于放大器。

根据反馈所采样的信号不同，可以分为电压反馈和电流反馈。电压反馈是反馈信号取自输出电压信号；电流反馈是反馈信号取自输出电流信号。电压负反馈可以稳定输出电压、减小输出电阻；电流负反馈可以稳定输出电流、增大输出电阻。

根据反馈信号在输入端与输入信号叠加形式的不同，可以分为串联反馈和并联反馈。串联反馈是反馈信号与输入信号串联（反馈信号电压与输入信号电压叠加）。并联反馈是反馈信号与输入信号并联（反馈信号电流与输入信号电流叠加）。串联反馈使电路的输入电阻增大；并联反馈使电路的输入电阻减小。

根据反馈信号对交直流信号的作用分为交流反馈和直流反馈。只对交流信号起作用的称为交流反馈；只对直流信号起作用的称为直流反馈。若在反馈网络中串接隔直电容，则可以隔断直流，此时反馈只对交流起作用；若在起反馈作用的电阻两端并联旁路电容，可以使其只对直流起作用。

议一议

在放大电路中，怎样通过负反馈改善波形失真的？

练一练

练习　集成运算放大器与同反相比例放大电路的测试

1. 通用集成运算放大器性能的测试

LM324 是应用广泛的运放，它的系列产品包括 LM124、LM224、LM324，国产对应型号为 FX124、FX224、FX324。它们都是有 4 个独立的低能耗、高增益、频率内补偿式运算放大器组成的，如图 4-8 所示。用万用表可检测其质量好坏。

（1）测量管脚间电阻值

选 500 型万用表 R×1K 挡分别测量 LM324

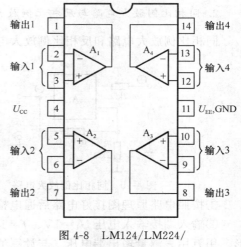

图 4-8　LM124/LM224/
LM324 管脚

的 $A_1 \sim A_4$ 各运放管脚的电阻值，可以判断运放的好坏，而且还可以检查内部各运放参数的一致性。以 A_1 为例其典型数据可参见表 4-1。

表 4-1　LM324 电阻值的典型数据

黑表笔位置	红表笔位置	正常电阻值（Ω）	不正常电阻值
U_{CC}	GND	16～17	0 或 ∞
GND	U_{CC}	5～6	0 或 ∞
U_{CC}	同相输入端	50	0 或 ∞
U_{CC}	反相输入端	55	0 或 ∞
OUT	U_{CC}	20	0 或 ∞
OUT	GND	60～65	0 或 ∞

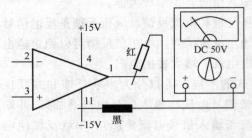

图 4-9 LM324A1 检测电路

（2）检测放大能力

以 A₁ 为例，2 脚为反相输入端，3 脚为同相输入端。将 LM324 的 4 脚和 11 脚接上正、负 15V 电源。检测电路如图 4-9 所示。将万用表置于直流 50V 电压挡。首先，使运放 LM324 输入端开路，运放处于截止状态，此时，1 脚对 11 脚的电压约为 20～25V。然后用手持金属小起子，依次碰 3 脚和 2 脚，万用表指针有较大的摆动，说明运放增益高；摆动较小，放大能力较差；不摆动，说明运放已被损坏。

测试时应注意以下两点。

①应分别检查 LM324 的 4 个运算放大器，各个对应管脚的电阻值已基本相同，否则参数一致性差。

②如用不同型号的万用表测量，电阻值会略有差异。但上述测量中，只要有一次电阻为零，说明内部有短路故障；读数为无穷大时，说明开路，运算放大器已损坏。

2. 同相比例放大电路与反相比例放大电路的测试

同相比例放大电路和反相比例放大电路分别如图 4-10 和图 4-11 所示。

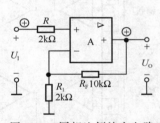

图 4-10 同相比例放大电路

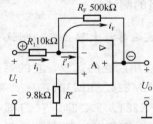

图 4-11 反相比例放大电路

①按照电路原理图接好电路后通电检测。

②输入端接输入电压 $U_I=1V$、$f=1kHz$ 的正弦信号，用示波器观察输入、输出波形。用万用表测量输出端电压，与计算值比较。

③将同相比例运算电路 R_1 开路或 R_F 短路，再用示波器观察输入、输出波形。

④将反相比例运算电路 R_F 改为 $1k\Omega$，用示波器观察输入、输出波形。用万用表测量输出端电压，与计算值比较。

做一做

实验 安装集成运放电路

1. 实训目的

通过安装和调试集成运算放大电路，熟悉集成运放的特点，并学会应用集成运放电路。

2. 实训工具及器材

本实训所需工具和器材见表 4-2。

表 4-2 安装集成运放电路所需工具和器材

序号	名称	规格	数量
1	IC	LM324	1 块
2	R_1、R_2、R_4、R_5、R_6	2kΩ	5 只
3	R_3	1kΩ	1 只
4	R_7、R_8、R_9、R_{11}、R_{12}	20kΩ	5 只
5	R_{10}、R_{13}	36kΩ	2 只
6	$R_{14} \sim R_{17}$	15kΩ	4 只
7	电烙铁、焊锡	自定	1 套
8	万用表	自定	1 块
9	万能实验板	100mm×120mm	1 块

3. 工作原理

由 LM324 四运放电路组成的集成运放组合电路如图 4-12 所示。它由分压器、同相输入放大器、电压跟随器、减法器等 5 大部分组成。其工作原理为：当＋5V 电压经 R_1、R_2、R_3 组成的分压电路后，在 R_3 两端取出 1V 电压，作为后级的输入电压 U_i，即 $U_i = 1V$。

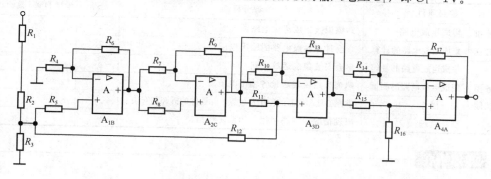

图 4-12 集成运放电路原理图

由 A_{1B}、R_4、R_5、R_6 组成同相输入比例运算放大电路，$U_{01} = 2V_i$，即 $U_i = 1V$，$U_{01} = 2V$。由 A_{2C}、R_7、R_8、R_9 组成电压跟随器，$U_{02} = U_{01} = 2V$。由 A_{3D}、R_{10}、R_{11}、R_{12}、R_{13} 组成加法比例运算放大电路，由 U_{02}、U_i 分别经 R_{11}、R_{12} 送至 A_3 的同相输入端，$U_{03} = U_{02} + U_i = 2V + 1V = 3V$。由 A_{4A}、R_{14}、R_{15}、R_{16}、R_{17} 组成减法比例运算放大电路，由 U_{03} 送至 A_{4A} 同相输放端，由 U_{02} 送至 A_{4A} 反相输入端，$U_{04} = U_{03} - U_{02} = 3V - 2V = 1V$。

4. 安装、调试与检测

①参考图 4-13，在万能实验板上正确安装元器件。

②检查各元器件的安装是否正确，特别

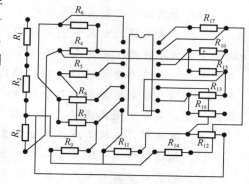

图 4-13 集成运放电路版图

重点检查集成块的安装情况。

③检查无误后，接通＋5V电源，整机电流约为2mA。

5．实训结果

根据学过的知识测量电路电压并与计算值进行比较，完成表4-3。

表 4-3　集成运放电路各级电路的测试电压

项目	计算、推导过程	计算值	测量值
分压器		$U_i=$	$U_i=$
同相比例运算电器		$U_{o1}=$	$U_{o1}=$
电压跟随器		$U_{o2}=$	$U_{o2}=$
加法运算放大电路		$U_{o3}=$	$U_{o3}=$
减法运算放大电路		$U_{o4}=$	$U_{o4}=$

评一评

任务检测与评估

检测项目		评分标准	分值	学生自评	教师评估
任务知识内容	集成运放电路	熟练识读集成运放电路原理图	15		
	集成运放电路的计算	学会计算各级电路的输出电压	15		
任务操作技能	集成运放电路的制作	学会安装集成运放电路	30		
	集成运放电路的测量	熟练利用仪表测量各输出电压	30		
	安全操作	掌握工具和仪器的使用及放置，元器件的拆卸和安装	5		
	现场管理	出勤情况、现场纪律、团队协作精神	5		

知识拓展

集成运放的使用

目前，集成运算放大器的种类繁多，必须正确地选择和合理地使用，以达到使用要求及精度，避免在调试使用过程中损坏。

（1）合理地选用集成运算放大器的型号

根据集成运算放大器性能的不同，可分为高增益通用型、高输入阻抗型、低漂移型、低功耗型、高速型、高压型、高精度型和大功率型等各种专用型集成运算放大器。在选用时要比较性能价格比，用比较低的价格获得较高的性能。一般来说，专用型集成运算放大器的性能较好，但价格高。在工程实践中不要一味追求高性能，而专用型集成运算放大器仅在某一方面有优异性能，所以在使用时，应根据电路要求，查找集成运算放大器的有关参数，合理地选用。

（2）认清符号、管脚及各引脚的功能

常见的集成运算放大器封装的方式有金属壳圆形封装、双列直插型塑料封装和扁平陶瓷封装。金属壳封装一般有 8、10、12 管脚等，双列直插式有 8、12、14、16 管脚等。

（3）外接电阻的选用

外接电阻的选择对放大电路有着重大的影响。一般选用几千欧至几百千欧的电阻。

（4）特性参数检测

集成运算放大器出厂前需要进行特殊参数测试，以便对其检验和筛选。集成运算放大器在使用前一般也需要特性参数检测。

运放在实际中可能出现的故障：

①不能调零。将输入端对地短路，调节外接调零电位器，输出电压无法为零。原因有接线错误、电路虚焊或运放损坏。

②堵塞或自锁。运算放大器突然不工作，输出电压接近正负电源两个极限值。原因有输入信号过大或受强干扰的影响，可以采取断电再重新通电的方法。

③自激。没有输入信号，有输出信号。原因有运放的滤波性能差或输出端有容性负载。可以采取加强对正负电源的滤波或不使用太长的接线。

任务二　安装低频功率放大电路

教学步骤	时间安排	教学方式
阅读教材	课余	自学、查资料、相互讨论
知识讲解	4 课时	在课程学习中，应结合多媒体课件演示安装低频功率放大电路过程，给学生一个清晰的认识
任务操作	4 课时	在识读 OTL、OCL 功率放大器的电路图实训内容时，学生应该仔细研究各元件的特点，同时教师应该加以引导，直至全部理解电路原理。
评估检测		教师与学生共同完成任务的检测与评估，并能对问题进行分析与处理

功率放大电路通常作为多级放大电路的输出级。在很多电子设备中，要求放大电路的输出级能够带动某种负载，例如驱动仪表，使指针偏转；驱动扬声器，使之发声；驱动自动控制系统中的执行机构等。总之，要求放大电路有足够大的输出功率。通过本任务的学习，学生应该能够识读 OCL、OTL 功率放大器的电路图，制作音频功放电路。

知识 1　功率放大电路与电压放大电路的区别

功率放大电路和电压放大电路所完成的任务不同。电压放大电路是使负载得到不失真的电压信号，主要讨论的是电压倍数、输入和输出电阻等。功率放大电路是要求获得一定的不失真（或失真较小）的输出功率，通常是在大信号状态下工作，它主要讨论的是输出功率、管耗、效率等在电压放大电路中未曾出现的特殊问题。

在电压放大电路中，输入信号在整个周期内都有电流流过三极管时，称为甲类放大状态。它失真小，但效率低。三极管在输入信号一个周期内只有半个周期工作时，称为乙类放大状态。它的效率较高，但存在着严重的失真。三极管的电流流通时间大于信号的半个周期而小于一个周期的工作状态，称为甲乙类放大状态。

如何解决效率与失真的矛盾？如果用两个管子，使之都工作在乙类放大状态，但一个在信号的正半周工作，而另一个在负半周工作，同时使这两个输出波形都能加到负载上，从而在负载上得到一个完整的波形。

知识 2　OCL 互补功率放大电路

乙类互补功率放大电路如图 4-14 所示。它由一对 NPN、PNP 特性相同的互补三极管组成，都工作在乙类放大状态，其中一个在输入信号的正半周导通，而另一个在负半周导通，使这两个管子输出电流都能加到负载上，从而在负载上得到个一个完整的波形，这样就能解决效率与失真的矛盾。这种电路称为无输出电容互补功率放大电路，也称 OCL 电路。

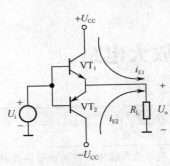

图 4-14　OCL 互补功率放大电路

当输入信号处于正半周，且幅度远大于三极管的开启电压，此时 NPN 型三极管导电，有电流通过负载 R_L，如图 4-14 所示方向由上到下，与假设正方向相同。当输入信号为负半周，且幅度远大于三极管的开启电压，此时 PNP 型三极管导电，有电流通过负载，如图 4-14 所示方向由下到上，与假设正方向相反。于是两个三极管一个正半周，一个负半周轮流导电，在负载上将正半周和负半周合成在一起，得到一个完整的不失真波形。严格地说，输入信号很小时，达不到三极管的开启电压，三极管不导电。因此在正、负半周交替过零处会出现一些非线性失真，这个失真称为交越失真，如图 4-15 所示。

为解决交越失真，可给三极管稍稍加一点偏置，使之工作在甲乙类工作状态。此时的互补功率放大电路如图 4-16 所示。

在图 4-16 中，设互补功率放大电路为乙类工作状态，输入为正弦波。忽略三极管的饱和压降，则有

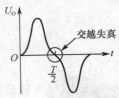

图 4-15　交越失真

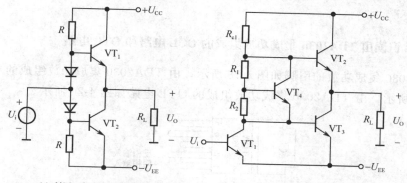

(a) 利用二极管提供偏置电压   (b) 利用三极管恒压源提供偏置电压

图 4-16 甲乙类互补功率放大电路

$$P_O = U_O I_O = \frac{U_{OM}}{\sqrt{2}} \cdot \frac{U_{OM}}{\sqrt{2} \cdot R_L} = \frac{U_{OM}^2}{2R_L}$$

负载上的最大不失真功率为

$$P_{OMAX} = \frac{\left(\dfrac{U_{CC} - U_{CES}}{\sqrt{2}}\right)^2}{R_L} = \frac{(U_{CC} - U_{CES})^2}{2R_L} \approx \frac{U_{CC}^2}{2R_L}$$

知识 3   OTL 互补功率放大电路

OCL 电路有许多优点，但双电源供电给使用带来一些不便。如图 4-17 所示，采用单电源供电。当电路对称时，输出端的静态电位等于 $U_{CC}/2$。为了使负载上仅获得交流信号，用一个电容器串联在负载与输出端之间。这种功率放大电路称为无输出变压器互补功率放大电路，也称 OTL 电路。

（1）基本工作原理

①当信号 $U_i = 0$ 时，因两管对称，VT_1、VT_2 两管发射极 e 的电位 $U_E = 1/2 \, U_{CC}$，负载无电流。

②当信号 $U_i > 0$，VT_1 导通，VT_2 截止，对负载供电，并对 C_O 充电。

③当信号 $U_i < 0$，VT_2 导通，VT_1 截止，电容 C_O 通过 VT_2、R_L 放电维持负半周电流（电容 C_O 相当于电源）。

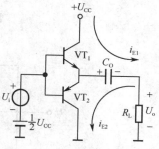

图 4-17 单电源 OTL 互补功率放大电路

注意，应选择足够大的电容 C_O，以维持其上电压基本不变，保证负载上得到的交流信号正负半周对称。

（2）分析计算

与 OCL 电路分析相同，但是要将式中的 U_{CC} 改为 $1/2 \, U_{CC}$。

议一议

比较 OTL、OCL 功率放大电路，分析两种电路的功率、效率及失真情况。

练习　识读由 TDA2030 集成功放组成的 OCL 电路和 OTL 电路

TDA2030 集成功放的引脚如图 4-18 所示，由 TDA2030 集成功放组成的 OCL 电路如图 4-19 所示，由 TDA2030 集成功放组成的 OTL 电路如图 4-20 所示。

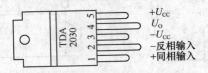

图 4-18　TDA2030 集成功放引脚

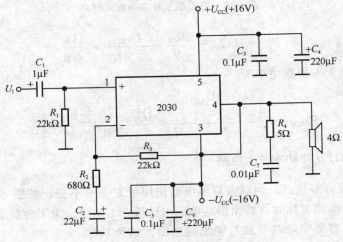

图 4-19　TDA2030 集成功放 OCL 电路

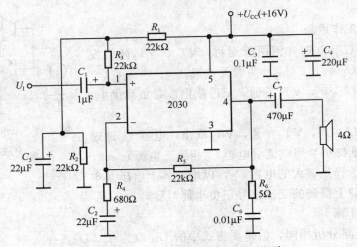

图 4-20　TDA2030 集成功放 OTL 电路

识读集成电路，要分以下 3 个步骤。

①判断集成电路的类型，弄清集成块的型号及基本功能。

②查阅集成电路应用手册，弄清内部原理框图。

③分析各管脚的功能，以及外接电路的特点。

仔细阅读如图 4-18～图 4-20 所示，并查阅集成电路应用手册，完成表 4-4 和表 4-5。

表 4-4　OCL 电路各元器件作用

元器件	作　用
TDA2030 芯片	
TDA2030 1 管脚	
TDA2030 2 管脚	
TDA2030 3 管脚	
TDA2030 4 管脚	
TDA2030 5 管脚	
C_1	
C_2	
C_3	
C_4	
C_5	
C_6	
R_4、C_7	
R_3、R_2、C_2 组成的电路	

表 4-5　OTL 电路各元器件作用

元器件	作　用
TDA2030 芯片	
TDA2030 1 管脚	
TDA2030 2 管脚	
TDA2030 3 管脚	
TDA2030 4 管脚	
TDA2030 5 管脚	
C_1	
C_2	
C_3	
C_4	
C_5	
C_6	
C_7	
R_4、R_5、C_2 组成的电路	

做一做

实验　安装调试音频功放电路

1. 实训目的

①提高电子电路装配技能。

②学会功率放大器的调整方法。

③掌握音频功率放大部分的电路参数。

2. 器材

本实训所需的器材见表4-6。

表 4-6　音频功放电路器材表

序号	名称	规格	数量
1	IC	TDA2002 集成功放芯片	1块
2	R_1	1kΩ	1只
3	R_2	100Ω	1只
4	R_3	1Ω	1只
5	C_1	10μF/10V	1只
6	C_2	470μF/6V	1只
7	C_3	1000μF/16V	1只
8	C_4	100μF/16V	1只
9	C_5、C_6	0.1μF	2只
10	万能实验板	100mm×120mm	1块
11	示波器	自定	1个
12	万用表	自定	1块
13	音频信号源	自定	1个
14	扬声器	8Ω	1个

3. 实训内容

①由 TDA2002 集成功放芯片连接成的 OTL 功放电路如图4-21所示。

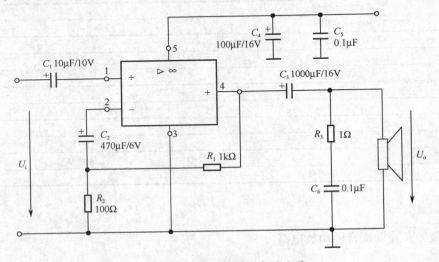

图 4-21　音频功率放大集成电路

②图 4-21 中，C_1、C_2是输入耦合电容，起到耦合音频信号的作用，同时隔离直流

分量。在输入端 U_i 与 C_1 之间接一个电位器，可用来控制音量。该电位器可以采用带开关的 $4.7\mathrm{k\Omega}$ 电位器，当音量关至最小后可以切断电源开关。C_4 为电源低频去耦电容，C_5 为电源高频去耦电容，R_3、R_6 组成保护电路，避免感性负载产生过压。

4. 实训步骤及操作要领

①根据如图 4-21 和图 4-22 所示，利用万能实验板组装成音频功率放大集成电路。

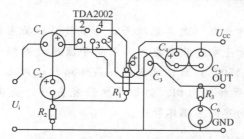

图 4-22　音频功率放大集成电路印刷电路板图

②安装完毕后，5 脚接上 $+12\mathrm{V}$ 直流电源，将输入端（1 脚）短路，用示波器观察输出端，有无自激振荡。

③在输出端接上 8Ω 负载，使 $U_i=0$，测量集成功率放大器输出端（4 脚）对地电压是否为电源电压的一半。否则，该芯片性能不好。

④从同相输入端（1 脚）送 $400\mathrm{Hz}$ 正弦信号，用示波器观察输出波形，输入信号的大小以输出不失真为度，测量 U_o 及 U_i 的大小，计算电压放大倍数并与估算值相比较。

⑤在 U_o 最不失真的条件下，测量电流 I_{CC}（I_{CC} 为电源提供的电流），计算电源提供的功率：$P_E=U_{CC} \cdot I_{CC}$（U_{CC} 为电源电压）。

⑥把 8Ω 负载电阻换为 8Ω 扬声器，接上录音机，组成音响电路。试听优美动听的音乐。

评一评

任务检测与评估

	检测项目	评分标准	分值	学生自评	教师评估
任务知识内容	OCL、OTL 功率放大器的基本工作原理	基本掌握 OCL、OTL 功率放大器的基本工作原理	15		
	分析 OCL、OTL 功率放大器电路图	学会分析 OCL、OTL 功率放大器电路图，比较熟悉电路中各元件的作用	15		
任务操作技能	电路组装	独立完成且电路连接正确	30		
	直流、交流测量	正确使用仪器仪表，读数误差小	30		
	安全操作	掌握工具和仪器的使用及放置，元器件的拆卸和安装	5		
	现场管理	出勤情况、现场纪律、团队协作精神	5		

知识拓展

功放器件的安全使用

为了保护功放电路尤其是功放管的安全，在实际应用时，要充分注意以下方面的问题。

1. 功放管散热问题

功率放大器的工作电压、电流都很大，给负载输出功率的同时，功放管也要消耗一部分功率，使管子本身升温发热。当管子温度升高到一定程度（锗管一般为 75～90℃，硅管为 150℃）后，就会损坏晶体结构，为此，应采取功放管散热措施。通常是给功放管加装由铜、铝等导热性能良好的金属材料制成的散热片（板），这样增加输出功率而不损坏管子。

2. 防止功放管的二次击穿

第一次击穿是由 U_{CE} 过大引起的雪崩击穿，是可逆的，当外加电压减小或消失后管子可恢复原状。若在一次击穿后，I_C 继续增大，管子将进入二次击穿。二次击穿是由于管子内部结构缺陷（如发射结表面不平整、半导体材料电阻率不均匀等）和制造工艺不良等原因引起的，为不可逆击穿，时间过长（如 1s）将使管子毁坏。

防止晶体管二次击穿的措施主要：使用功率容量大的晶体管，改善管子散热的情况，以确保其工作在安全区之内；使用时应避免电源剧烈波动、输入信号突然大幅度增加、负载开路或短路等，以免出现过压过流；在负载两端并联二极管（或二极管和电容），以防止负载的感性引起功放管过压或过流，在功放管的 c、e 端并联稳压管以吸收瞬时过压。

项 目 小 结

①集成运放是集成化的多级直耦放大器，它能放大直流信号，也能放大交流信号，而且增益高、温漂小。由于有两个输入端，集成运放能作同相放大，也能作反相放大。

②差动放大电路是集成运放的主要单元电路，它借助于电路的对称性，可以减小温漂、抑制共模和进行差模放大。

③反馈类型有正反馈与负反馈、电压反馈与电流反馈、串联反馈与并联反馈、直流反馈与交流反馈。

④负反馈放大电路的 4 种基本类型：电压串联负反馈、电压并联负反馈、电流串联负反馈、电流并联负反馈。

⑤理想运放有"虚短"和"虚断"的两个重要概念。

⑥功率放大电器是在大信号下工作，研究的重点是如何在允许的失真情况下，尽可能提高输出功率和效率。

通过安装集成运放电路和音频功放电路的实训，学生熟练识读集成运放电路原理图。

实训与考核

1. 选择题

①共模抑制比 K_{CMR} 是_____。

A. 差模输入信号与共模输入信号之比

B. 输入量中差模成分与共模成分之比

C. 差模放大倍数与共模放大倍数（绝对值）之比

D. 输出量中差模成分与共模成分之比

②与甲类功率放大方式相比，乙类互补对称功放的主要优点是_____。

A. 不用输出变压器   B. 不用输出端大电容

C. 效率高   D. 无交越失真

③为了稳定放大电路的输出电压并提高输入电阻，应采用_____。

A. 电压串联负反馈   B. 电流并联负反馈

C. 电流串联负反馈   D. 电压并联负反馈

2. 简答题

①集成运放电路与分立元件放大电路相比有哪些突出优点？

②什么是零点漂移？产生零点漂移的主要原因是什么？差动放大电路为什么能抑制零点漂移？

③如何判断正反馈和负反馈？如何判断直流反馈和交流反馈？如何判断串联反馈和并联反馈？如何判断电压反馈和电流反馈？

3. 计算题

反相电压放大器电路中，设 $R_1=10k\Omega$，$R_F=100k\Omega$。求：

①闭环放大倍数 $A_V=$？

②如果 $U_I=1V$，求 $U_O=$？

③平衡电阻 R_F 应取何值？

4. 画图题

画出输出电压 U_O 与输入电压 U_i 符合下列关系的运放电路图（$R_F=15k\Omega$，其他电阻参数要计算并标注）。

①$U_O=-30U_I$。

②$U_O=-15(U_{I2}+U_{I1})$。

*项目五

组装调幅调频收音机

收音机由输入混频、中级放大、检波（或鉴频）、功率放大等部分组成。通过收音机的组装，不仅能够巩固前面学习过的放大电路、元器件的识别检测等知识，还能够理解调幅与检波、调频与鉴频以及振荡电路的概念。

知识目标

1. 熟悉谐振放大器
2. 掌握振荡电路的组成
3. 了解常用振荡器
4. 了解调幅与检波、调频与鉴频及混频器

技能目标

1. 掌握收音机中频放大电路的组成及工作原理
2. 识读 LC 振荡器、RC 振荡器、石英晶体振荡器的电路图
3. 了解调幅与检波、调频与鉴频，学会用示波器观测调幅调频收音机检波电路的波形
4. 识读二极管调幅和检波、三极管混频器的电路图

任务一　制作正弦波振荡电路

教学步骤	时间安排	教学方式（供参考）
阅读教材	课余	自学、查资料、相互讨论
知识讲解	4课时	在课程学习中，应结合多媒体课件演示振荡电路的组成和常用振荡器的作用，给学生一个清晰的认识
任务操作	4课时	对信号发生器的组装实训内容，学生应该边学边练，同时教师应该在实训中有针对性地对学生进行引导
评估检测		教师与学生共同完成任务的检测与评估，并能对问题进行分析与处理

正弦波振荡电路是一种不需要外接输入信号就能将直流电能转换成具有一定频率、幅度和波形的交流电能输出的电路。收音机输入回路就采用正弦波振荡电路完成电台的选择。当收音机的天线接收到众多广播电台发射出的高频信号波时，输入回路利用串联谐振电路选出所需要的信号，并将它送到收音机的第一级，把那些不需要收听的信号有效地加以抑制。通过本任务的学习，学生应该掌握正弦波振荡电路的组成及类型，能识读 *LC* 振荡器、*RC* 桥式振荡器、石英晶体振荡器的电路图。

读一读

知识1　振荡电路的组成

振荡电路是一种能量转换装置，它的频率范围很广，可以从1赫以下到几百兆赫以上，输出功率可以从几毫瓦到几十千瓦。它广泛应用于无线电通信、广播电视、工业上的高频感应炉、超声波发生器、正弦波信号发生器、半导体接近开关等。

振荡器与放大器的不同之处在于放大器需要外加输入信号，才能有输出信号；振荡器则不需要外加信号，由电路本身自激产生输出信号。

正弦波振荡电路的组成如图5-1（a）所示。基本放大电路保证满足产生自激振荡的幅值条件，反馈电路用以保证满足产生自激振荡的相位条件。

基本放大电路在接通电源的瞬间，随着电源电压由零开始突然增大，电路受到扰动，在放大器的输入端产生一个微弱的扰动电压 u_i，经放大器放大、正反馈、再放大、再反馈等，如此反复循环，输出信号的幅度很快增加。这个扰动电压包括从低频到甚高频的各种频率的谐波成分。为了能得到所需要频率的正弦波信号，必须增加选频网络，只

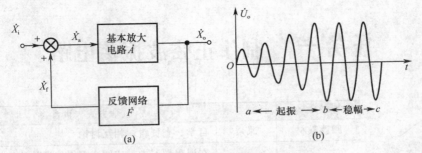

图 5-1 正弦波振荡电路方框图及其波形

有在选频网络中心频率上的信号能通过，其他频率的信号被抑制，在输出端就会得到如图 5-1（b）所示的 ab 段起振波形。

那么，振荡电路在起振以后，振荡幅度会不会无休止地增长下去呢？这就需要增加稳幅环节。当振荡电路的输出达到一定幅度后，稳幅环节就会使输出减小，维持一个相对稳定的稳幅振荡，如图 5-1（b）所示的 bc 段。也就是说，在振荡建立的初期，必须使反馈信号大于原输入信号，反馈信号一次比一次大，才能使振荡幅度逐渐增大；当振荡建立后，还必须使反馈信号等于原输入信号，才能使建立的振荡得以维持下去。

知识 2 常用振荡器

根据选频网络组成元件的不同，正弦波振荡电路通常分为 RC 振荡电路（产生数百千赫以下的低频信号）、LC 振荡电路（产生数百千赫以上的高频信号）和石英晶体振荡电路。

1. RC 振荡电路

采用 RC 选频网络构成的振荡电路称为 RC 振荡电路，它适用于低频振荡，一般用于产生 1Hz～1MHz 的低频信号。

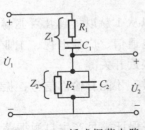

图 5-2 RC 桥式振荡电路

常用的有 RC 桥式振荡电路，它产生几十千赫以下频率的低频振荡，目前的低频信号源大都属于这种正弦波振荡电路。RC 桥式振荡电路的振荡频率调节方便，信号波形失真小，是应用最广泛的 RC 振荡器。RC 桥式振荡电路的振荡频率取决于 RC 选频回路的 R_1、R_2、C_1、C_2 参数，如图 5-2 所示。通常情况下，取 $R_1 = R_2 = R$，$C_1 = C_2 = C$，则振荡频率为 $f_0 = \dfrac{1}{2\pi RC}$。

集成运放构成的 RC 桥式正弦波振荡电路如图 5-3 所示，其中的放大电路是由集成运放构成的同相比例电路。RC 串并联网络的输出端接在集成运放的同相输入端，将反馈信号送给放大电路。

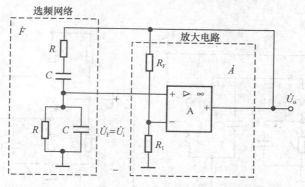

图 5-3　集成运放构成的 RC 桥式振荡电路

2. LC 振荡电路

采用 LC 谐振回路作为选频网络的振荡电路称为 LC 振荡电路，它主要用来产生高频正弦振荡信号，一般在 1MHz 以上。振荡频率计算公式为 $f_0 = 1/2\pi \sqrt{LC}$。

根据反馈形式的不同，LC 振荡电路可分为变压器反馈式振荡电路和三点式振荡电路。

（1）变压器反馈式振荡电路

变压器反馈的特点是用变压器的初级或次级绕组与电容 C 构成 LC 选频网络，振荡信号的输出和反馈信号的传递都是靠变压器耦合完成的。变压器反馈式 LC 正弦波振荡器的基本电路如图 5-4 所示，由放大电路、LC 选频网络和变压器反馈电路 3 部分组成，其优点是便于实现阻抗匹配，使振荡器的效率高、容易起振；另一个优点是调频方便，只要将谐振电容 C 换成一个可变电容器，就可以实现调节频率的要求。

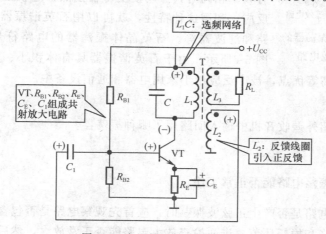

图 5-4　变压器反馈式振荡电路

（2）三点式振荡电路

三点式振荡电路分电感三点式振荡和电容三点式振荡，如图 5-5 所示。

电感三点式振荡电路中，L_1、L_2、C 组成谐振回路，L_2 兼作反馈网络，通过耦合

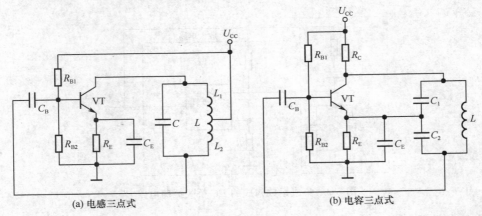

(a) 电感三点式　　　　　　　　　　(b) 电容三点式

图 5-5　三点式振荡电路

电容 C_b 将反馈电压送到三极管的基极。其优点是容易起振、调节频率方便且调节范围较宽。缺点是振荡波形差。

电容三点式振荡电路的结构与电感三点式振荡电路相似，只是将电感、电容互换了位置。其优点是振动频率高、振荡波形好。缺点是调节频率较困难。

3. 石英晶体振荡器

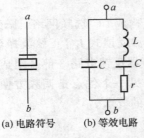

(a) 电路符号　(b) 等效电路

图 5-6　石英晶体振荡器的
电路符号和等效电路

石英晶体谐振器简称为晶振，它是利用具有压电效应的石英晶体片制成的。这种石英晶体薄片受到外加交变电场的作用时会产生机械振动，当交变电场的频率与石英晶体的固有频率相同时，振动便变得很强烈，这就是晶体谐振特性的反应。利用这种特性，就可以用石英谐振器取代 LC 谐振回路和滤波器等。石英晶体振荡器的电路符号和等效电路如图 5-6 所示。由于石英谐振器具有体积小、重量轻、可靠性高、频率稳定度高等优点，被广泛应用于家用电器和通信设备中。

议一议

观察并讨论超外差收音机中输入回路用了哪种振荡器？

练一练

练习　判断振荡电路能否正常工作

在分析振荡电路是否产生正弦波振荡时，应首先观察电路是否包含放大电路、选频网络、正反馈网络和稳幅环节，进而检查放大电路能否正常放大，然后利用瞬时极性去判断电路是否满足相位平衡条件，必要时再判断电路是否满足幅值平衡条件。据此判断图 5-7 所示的振荡电路是否能正常工作。

判断提示如下。

如图 5-7 所示的 3 个电路均为两级反馈，且两级中至少有一级是共射电路或共基电

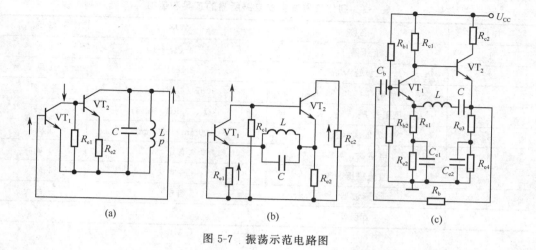

图 5-7 振荡示范电路图

路，所以只要其电压增益足够大，振荡的振幅条件容易满足。而相位条件一是要求正反馈，二是选频网络应具有负斜率特性。

如图 5-7（a）所示由两级共射反馈电路组成，其瞬时极性如图中所标注，所以是正反馈。LC 并联回路同时担负选频和反馈作用，且在谐振频率点反馈电压最强。图中 LC 并联回路输入是 VT_2 管集电极电流 i_{c2}，输出是反馈到 VT_1 管 be 两端的电压 u_{be1}，所以应采用其阻抗特性。而并联回路的阻抗相频特性是负斜率。综上所述，图 5-7（a）所示电路也满足相位条件，因此能够正常工作。

如图 5-7（b）所示由共基—共集两级反馈组成。根据瞬时极性判断法，如把 LC 并联回路作为一个电阻看待，则为正反馈。但 LC 并联回路在谐振频率点阻抗趋于无穷大，正反馈最弱。同时对于此 LC 并联回路来说，其输入是电阻 R_{e2} 上的电压，输出是电流，所以应采用其导纳特性。由于并联回路导纳的相频特性是正斜率，所以不满足相位稳定条件。综上所述，图 5-7（b）所示电路不能正常工作。

如图 5-7（c）所示与图 5-7（b）所示不同之处在于用串联回路置换了并联回路。由于 LC 串联回路在谐振频率点阻抗趋于零，正反馈最强，且其导纳的相频特性是负斜率，满足相位稳定条件，所以图 5-7（c）所示电路能正常工作。图 5-7（c）中在 VT_2 的发射极与 VT_1 的基极之间增加了一条负反馈支路，用以稳定电路的输出波形。

做一做

实验　制作信号发生器

1. 实训目的

动手组装 LC 正弦信号发生器，熟悉 LC 选频网络、晶体管分压式放大电路和正反馈电路的组成。

2. 实训工具及器材

本实训项目所需的工具和器材见表 5-1。

表 5-1　制作信号发生器电路所需的工具和器材

序号	名称	规格	数量
1	变压器 T_1	NLT-PQ-4-10	1 只
2	三极管 VT_1	2N1711	1 只
3	电解电容 C_1、C_2、C_3	50pF、1μF、1μF	各 1 只
4	电阻器 R_1、R_2、R_3	3kΩ、33kΩ、10kΩ	各 1 只
5	万能实验板	100mm×120mm	1 块
6	电烙铁、焊锡	自定	1 套
7	直流稳压电源	0～36V	1 台
8	示波器	自定	1 台
9	万用表	自定	1 只

3. 组装调试

按照图 5-8 所示的信号发生器原理图，在万能实验板上将实验器材连接起来。

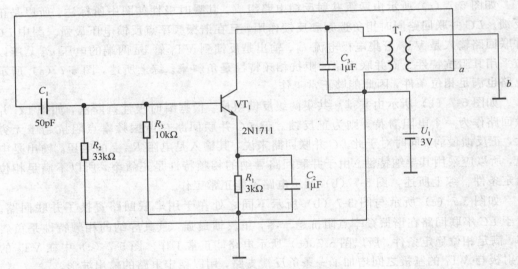

图 5-8　信号发生器原理图

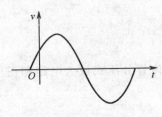

图 5-9　信号发生
器输出参考波形

图 5-8 中 VT_1 是放大管，变压器的次级绕组取得反馈电压，再经 C_1 返送回基极。在电路刚接通电源的瞬间，基极电路上产生的电扰动相当于最初的外加信号。这个信号一开始可能很弱，但经放大、正反馈后再送回基极时，幅度将有所增大。然后再放大，再反馈，幅度越来越大，直到被工作区所限制，幅度才稳定下来。VT_1 集电极上的 LC 并联回路只对频率为 $f=68$Hz 信号的谐振阻抗最大。因此只有频率为 f 的信号才能被 LC 选频回路选出，经变压器

耦合到次级绕组组成反馈信号，同时输出频率为 f 的正弦波信号。

4. 测量结果

组装完毕后接通 3V 电源，通过示波器观察 a、b 点振荡器电路输出的波形。$f=$ 68Hz 参考波形如图 5-9 所示。

评一评

任务检测与评估

检测项目		评分标准	分值	学生自评	教师评估
任务知识内容	振荡器的组成	掌握正弦波振荡电路的组成框图及类型	15		
	常用振荡器	能识读 LC 振荡器、RC 桥式振荡器、石英晶体振荡器的电路图	15		
任务操作技能	制作正弦波振荡电路	学会安装与调试 RC 桥式音频信号发生器或 LC 接近开关电路	30		
	观察正弦波振荡电路波形	学会使用示波器观测振荡波形，可用频率计测量振荡频率	30		
	安全操作	掌握工具和仪器的使用及放置，元器件的拆卸和安装	5		
	现场管理	出勤情况、现场纪律、团队协作精神	5		

知识拓展

影响振荡器正常工作的因素

1. 静态工作点的影响

静态工作点不同，晶体管的参数（电流放大系数 β 和输入电阻）不同，放大电路的放大倍数不同，振荡强弱就不同。一般静态工作电流 I_{CQ} 较小时振荡较弱。若适当地增大 I_{CQ}，可以使振荡增强。

2. 电源电压的影响

电源电压变化时，静态工作点就发生变化，振荡的强弱也将发生变化。电源电压变低时，会使振荡幅度减小，振荡信号变弱。

3. 晶体管的影响

更换新的管子时，如果新管的 β 较小，放大能力下降，也使振荡变弱。

4. 集电极负载阻抗的影响

放大电路的放大量与负载阻抗有直接关系。如果负载阻抗变小，将引起放大量降低，使振荡变弱。

另外，LC 振荡器的回路电感电容损耗增大时，也会使振荡强度减小，甚至停振。

任务二　组装调幅调频收音机

任务教学方式

教学步骤	时间安排	教学方式（供参考）
阅读教材	课余	自学、查资料、相互讨论
知识讲解	4 课时	在课程学习中，应结合多媒体课件演示调制与检波的基本性质和应用，给学生一个清晰的认识
任务操作	6 课时	对收音机的组装实训内容，学生应该边学边练，同时教师应该结合实训项目讲解组装调试
评估检测		教师与学生共同完成任务的检测与评估，并能对问题进行分析与处理

任务分析

　　超外差式收音机由输入回路、变频级、中频放大级、检波级、AGC 电路、低频放大级、功率放大级和扬声器组成。通过这些知识的学习和收音机的组装，可以巩固前面学过的振荡电路、放大电路等方面的知识，还能了解调制与解调原理，掌握电子产品的整机装配技术。

读一读

知识 1　谐振放大器

　　谐振放大器是一种电压放大器，其主要特点是晶体管的输入输出回路（即负载）不是纯电阻，而是由 L、C 元件组成的并联谐振回路，因此也称调谐放大器。

　　由于调谐回路的并联谐振阻抗在谐振频率附近的数值很大，所以放大器可得到很大的电压增益；而在偏离谐振点较远的频率上，回路阻抗下降很快，使放大器增益迅速减小。因而调谐放大器通常是一种增益高和频率选择性好的窄带放大器。

　　调谐放大器广泛应用于各类无线电发射机的高频放大级和接收机的高频与中频放大级。在接收机中，主要用来对小信号进行电压放大；在发射机中，主要用来放大射频功率。调谐放大器的调谐回路可以是单调谐回路，也可以是由两个回路相耦合的双调谐回路；可以通过互感与下一级耦合，也可以通过电容与下一级耦合。一般情况下，采用双调谐回路的放大器，其频率响应在通频带内较为平坦，在频带边缘上有更陡峭的截止。超外差式接收机中常采用双回路的调谐放大器。

　　1. 单调谐放大器

　　单调谐中放回路每级只有一个 LC 并联谐振电路，作为 VT 管的集电极负载，有时为展宽谐振回路通频带，往往在回路两端并联一个电阻，如图 5-10 所示。

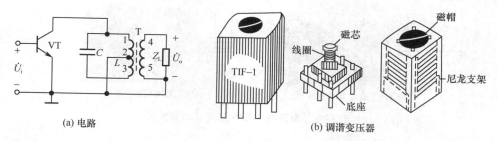

(a) 电路   (b) 调谐变压器

图 5-10 单级单调谐中放回路

单调谐回路结构简单，便于调整。缺点是只有一个调谐回路，选择性和通频带不理想。

2. 双调谐放大器

为了克服单调谐放大器的缺点，常采用两个调谐回路的放大器，如图 5-11 所示。双调谐回路谐振放大器是将两个谐振于同一频率的调谐电路分别作为选频变压器的初、次级，并通过一定的方式耦合在一起，共同构成双调谐回路。常见的双调谐回路有电感耦合和电容耦合。

双调谐放大器具有频带较宽、选择性较好的优点。缺点是结构复杂、调整困难。

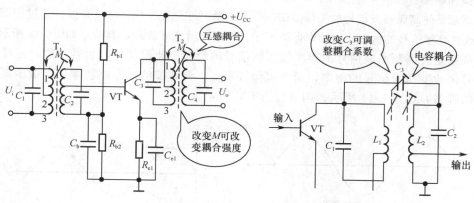

图 5-11 双调谐回路放大器电路图

3. 陶瓷滤波器

陶瓷滤波器是一种压电陶瓷制成的滤波元件，它具有与 LC 调谐回路相似的频率特性，可作为选频元件代替 LC 回路。其特点是体积小、成本低、损耗弱、通频带宽、振幅与相位特性较好、性能稳定、不用调整，已广泛应用于中频放大器电路中。

陶瓷滤波器有二端和三端两种，其电路符号和实物如图 5-12 所示。

知识 2 调制、检波与鉴频

1. 调制

无线电广播是一种利用电磁波传播声音信号的手段。整个广播过程是先将音频信号

(a)二端陶瓷滤波器   (b)三端陶瓷滤波器

图 5-12 陶瓷滤波器电路符号和实物图

转换成电信号，经过调制后以电磁波的形式向空中发射。收音机接收到此电磁波后，再经过解调，把电信号转换为音频信号，由喇叭还原出声音。

（1）调制的作用

声音信号都是一样的，如果不处理就向空中发射，则所有电台的声音信号将混在一起，互相干扰变成杂音而无法接收。因此必须利用调制将不同信号调制在不同频段上。又因低频电磁波传输距离不如高频电磁波，且要求较长的发射天线，所以通过调制可以将低频信号变为高频信号。

（2）调制的种类

常见的调制方法有调幅（AM）、调频（FM）、调相（PM）。无线广播采用的主要是调幅和调频。

调幅是使高频载波信号的振幅随调制信号的瞬时变化而变化，也就是说，通过用调制信号来改变高频信号的振幅，而频率保持不变。调幅波用 AM 表示，其波形如图5-13 所示。

调频是使高频载波信号的频率随调制信号的瞬时变化而变化，也就是说，通过用调制信号来改变高频信号的频率，而振幅保持不变。调频波的波形，就像是个被压缩得不均匀的弹簧，如图 5-14 所示。调频波用 FM 表示。

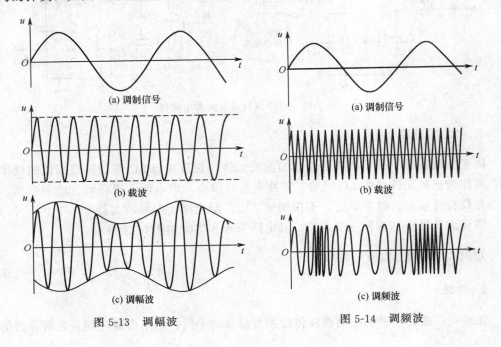

图 5-13 调幅波   图 5-14 调频波

2. 检波与鉴频

从调幅波中检出原来调制信号的过程称为调幅波的解调，又叫检波。用以完成这个任务的电路称为检波器。

从调频波中检出原来调制信号的过程称为调频波的解调，又叫鉴频。实现鉴频的电路称为鉴频器。

议一议

①讨论调幅波有哪些基本性质？调幅与检波在实际中有哪些应用？

②讨论调频波有哪些基本性质？调频与鉴频在实际中有哪些应用？

练一练

练习　用示波器观测中频调幅波

任取一调幅收音机电路，按照图 5-15 所示接好相应仪器，然后从 AB 端输入频率为 465kHz 的中频信号。

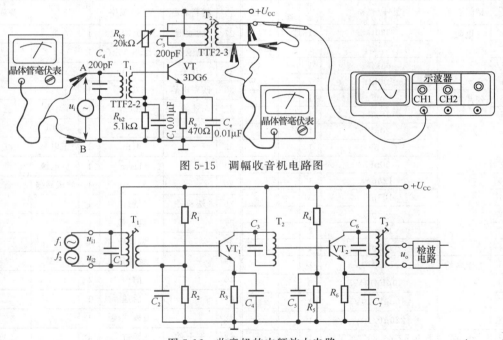

图 5-15　调幅收音机电路图

图 5-16　收音机的中频放大电路

调节变压器磁芯，观察示波器所显示波形以及毫伏表读数的变化。

提示：

①关于 AB 端输入中频信号的来源可以直接使用信号发生器，也可以采用收音机电路中的中频级输出信号。若用收音机电路中的中频级输出信号，可以参考图 5-16 所示

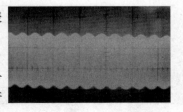

图 5-17　465kHz 中频调幅信号

的电路中,将检波级断开,T_3次级的电压即可作为 465kHz 的中频信号从 AB 端输入。

②用示波器观察到的 465kHz 中频调幅信号如图 5-17 所示。

做一做

实验　组装调幅调频收音机

1. 实训目的

①学习收音机的调试与装配。

②培养整机电路图的识读和提高装配电子产品的技能。

③掌握 AM、FM 中频调试和整机测试

2. 实训工具及器材

本实训项目所需的元器件和工具见表 5-2。

表 5-2　组装调幅/调频收音机所需的元器件和工具明细表

序号	材料名称	型号/规格	用量	用途	备注	序号	材料名称	型号/规格	用量	用途	备注
1	电阻	330Ω	1		1/4W	27	滤波器	10.7M	1		
2		2.2kΩ	1		1/4W	28	电位器	φ12.5-50kΩ	1		
3		68kΩ	1		1/4W	29	开关	2P2T	1		
4		100kΩ	1		1/4W	30	四联电容	270pF	1		
5	瓷片电容	3pF	1			31	连线	10cm	1	天线	蓝
6		18pF	1			32		6cm	2	喇叭	红、黑
7		20pF	1			33		4cm	1	正电源	红
8		27pF	1			34		11cm	1	负电源	黑
9		30pF	1			35		8cm	1	波段转换	蓝
10		120pF	1			36	塑料件	指针	1		
11		103pF	3			37		刻度镜	1		
12		203pF	2			38		调谐钮	1		
13		104pF	2			39		音量钮	1		
14		153pF	1			40		前盖	1		
15	电解电容	4.7μF/10V	2			41		后盖	1		
16		10μF/10V	3			42		磁棒支架	1		
17		100μF/10V	1			43	五金件	铆钉	4		
18		220μF/10V	1			44		电池正极片	1		
19	电感	0.7×φ4.5×3.5T	1			45		电池负极片	1		
20		0.7×φ4.5×2.5T	1			46		电池正负极片	1		
21		0.6×φ4.5×4.5T	1			47		天线弯头	1		
22	磁棒	4×10×40	1			48	螺钉	粗牙	1		
23	磁棒天线	100:32	1								
24	中周	AM 振荡 7.5×7.5×12	1		红色						
25		AM 中频 10×10×12	1		黄色		电烙铁、焊锡、万用表、螺丝刀				
26		FM 中频 7.5×7.5×12	1		粉红色						

3. 组装调试

（1）准备

①按照表 5-2 元件清单检查元件数目和种类，并用万用表检查各元件的参数是否正确及是否损坏。

②对照图 5-18 所示的原理图检查印刷电路板布线及各元器件位置是否正确。要求能清楚地将原理图和印刷电路的元器件和连线对应起来。

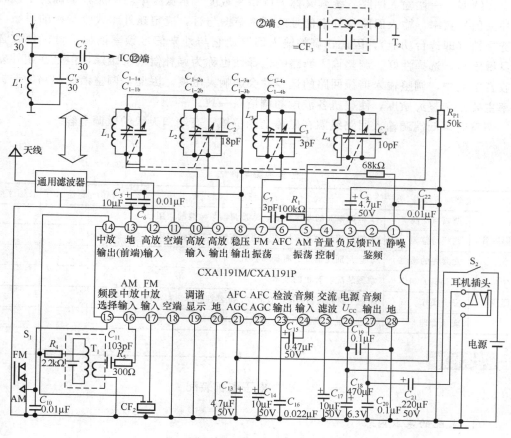

图 5-18 调频调幅收音机电原理图

（2）组装

组装的顺序：先装主板，再引线，最后装机壳。由于是单片收音机，主板的组装顺序为：电阻、电容、振荡线圈、中频变压器、电位器、开关和晶体管，最后装天线喇叭等。

（3）调试

①调中频——调中频调谐回路。中放电路是决定收音电路的灵敏度和选择性的关键所在，它的性能优劣决定了整机性能的好坏。调整中频变压器，使之谐振在 AM/465kHz（或 FM/10.7MHz）频率，这是中放电路调整的任务。

②调覆盖——调本振谐振回路。超外差式收音机电路接收信号的频率范围与机壳刻度上的频率标志应一致，所以要进行校准调整，也叫调覆盖。

在超外差式收音机中，决定接收频率的是本机振荡频率与中频频率的差值，而不是输入回路的频率，因此，调覆盖即调整本振回路，使它比收音机频率刻度盘的指示频率高 AM/465kHz（或 FM/10.7MHz）。在本振电路中，改变振荡线圈的电感值（即调节磁芯）可以较为明显地改变低频端的振荡频率（但对高频端也有影响）。改变振荡微调电容的电容量，可以明显地改变高频端的振荡频率。

③统调——调输入回路。统调又称为调整灵敏度。本振频率与中频频率确定了接收的外来信号频率，输入回路与外来信号的频率谐振与否，决定超外差式收音机的灵敏度和选择性（即选台功能），因此，调整输入回路使它与外来信号频率谐振，可以使收音机灵敏度高，选择性好。调整输入回路的选择性也称为调补偿或调跟踪，但是在超外差式收音电路中，调整输入谐振回路的选择性会影响灵敏度，因此，调整谐振回路的谐振频率主要是调整灵敏度，使整机各波段的调谐点一致。

调整时，低端调输入回路线圈在磁棒上的位置，高端调天线的微调电容。

评一评

任务检测与评估

检测项目		评分标准	分值	学生自评	教师评估
任务知识内容	调幅与检波	了解调幅波的基本性质，熟悉调幅与检波的应用	15		
	调频与鉴频	了解调频波的基本性质，熟悉调频与鉴频的应用	15		
任务操作技能	元器件的检测	学会判别元器件的质量和参数	20		
	收音机的制作	掌握装配收音机的技术	40		
	安全操作	掌握工具和仪器的使用及放置，元器件的拆卸和安装	5		
	现场管理	出勤情况、现场纪律、团队协作精神	5		

知识拓展

电子整机装配

1. 装配的基本内容

①电气装配。以印刷板为主体的电子元器件装插和焊接。

②机械装配。以组成整机的钣金件或塑料件为支撑，通过零件紧固或其他方法进行的由内到外的结构性装配。

装配工作通常是机械性的重复工作，但它又涉及元器件识别技术、安装技术、焊接技术、检验技术等多种技术成分。

2. 整机装配的工艺

电子整机装配工艺内容如图 5-19 所示。

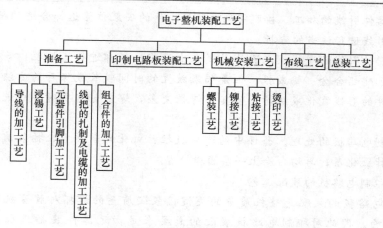

图 5-19 电子整机装配工艺内容

3. 装配步骤

（1）电子产品整机装配步骤

电子产品整机装配步骤见表 5-3。

表 5-3 整机装配步骤

装配步骤	项目名称	项目内容
1	核对产品物料清单	根据电路原理图设置元件清单表，把核对无误的元件固定在清单表上。逐个核对，检查是否有元件缺少
2	检测元件	使用仪表（万用表、电容表等）检测元件性能是否完好，同时对二极管、三极管的类别和管脚极性进行判别
3	元器件加工	包括印制电路板的处理、元器件引线处理、所用导线的加工
4	印制电路板装配	按照"先小后大、先低后高、先轻后重、先易后难、先一般元件后特殊元件"的原则装配
5	导线安装	电路板与电池两端、电路板与扬声器之间连接导线
6	整机装配	磁棒天线焊接；各拨盘、拉线、指针、刻度盘等的安装
7	整机调试	调中频调谐回路，调本振谐振回路，调输入回路

（2）装配的准备工艺

①绝缘导线端头的加工。加工步骤见表 5-4。

表 5-4 绝缘导线端头的加工步骤

步骤	项目名称	常用方法
1	按所需的长度截取导线	使用电工刀、剪刀或偏口钳
2	按导线的连接方式决定剥头长度	用剥线钳剥头；用电工刀和剪刀剥头；用加热法剥头
3	对多股线进行捻头处理	按导线原来旋紧方向继续捻紧，一般螺旋角在 30°～40°之间
4	浸锡	将捻好头的导线端头蘸上助焊剂，用带锡的电烙铁给导线端头上锡

②元器件引线的加工。按照印刷电路板元件的安装位置选择合适的插装方法，并对元件引线进行适当的弯折。

③元器件引线的浸锡。元器件引线在出厂前一般都进行了处理，多数元器件引线都镀了锡铅合金、锡或银。但是如果放置的时间较长或保存的方法不当，会引起元器件的引线氧化或脏污，使其可焊性变差，焊装前需要对引线进行重新浸锡处理。

④印制电路板的处理。套件中的印制板往往氧化比较严重，插装前要用细砂纸擦磨去掉氧化层，再均匀涂上一层酒精松香液。

（3）印制电路板的装配工艺

印刷电路板的装配是整机质量的关键，装配质量的好坏对收音机的性能有很大的影响。因此对印制电路板装配的总要求是：元器件装插正确，不能有错插、漏插；焊点要光滑，无虚焊、假焊和连焊；根据插装工艺和焊接工艺要求进行插装和焊接。为了达到训练效果，减少差错率，每个元件的安装均可按下面步骤来完成：复测元器件→引线清洁、上锡、成形→插装→焊接→修剪引脚→整形。

（4）整机装配（总装）工艺

收音机主要零配件有印制电路板、调谐拨轮组件、电位器拨轮、扬声器、电池正负极引片或弹簧件、前后机壳及刻度盘、指针等。将扬声器、电池正负极引片或弹簧件按指定位置装好后，再按照接线图连接相关导线；调试好后，再装调谐盘组件，最后将印制电路板用螺钉安装在机壳上。

4. 装配过程中注意事项

装配过程中注意以下事项。

①已安装的元件要在电路原理图或元件明细表中予以注明。

②要注意电解电容的正负极性，不能插错。

③磁性天线线圈的线较细，刮去绝缘漆皮时不要弄断导线。

④振荡线圈和中频变压器要找准位置，注意色标。

⑤双联电容器装插时，三脚或四脚应插到位，并用螺丝先固定后再焊接。

⑥振荡线圈与中频变压器的外壳要焊在电路板上。

⑦音频输入、输出变压器要辨认清楚，输出变压器的次级电阻不到 1Ω，与输入变压器初、次级的电阻相差很大。

⑧安装音量电位器时应先用螺丝将其固定再进行焊接；若没有固定螺孔则应用少量焊锡先固定其任一焊接片（此时用一手指按住电位器，使其紧贴线路板），使电位器与线路板平行，再焊其余的焊接片，应在短时间内完成，否则易焊坏电阻器动片，从而造成音量电位器不起作用或接触不良。

⑨瓷介电容、电解电容及三极管等元件安装焊接时，所留引脚不能太长，否则降低元器件的稳定性。一般要求距离电路板 2mm。

项 目 小 结

①中频放大电路的主要作用是放大和选频。对信号的放大就是将变频电路送来的465kHz 中频信号进行放大，以提高整机的灵敏度。对中频信号选频就是通过选频回路对中频信号作进一步筛选，以提高整机的选择性，然后将筛选出来的经放大的中频信号送到检波电路去检波。

②正弦波振荡电路不需要外接输入信号就能将直流能源转换成具有一定频率、幅度和波形的交流能量输出的电路。收音机输入回路采用正弦波振荡电路完成电台的选择。

③根据选频网络组成元件的不同，正弦波振荡电路有 RC 振荡电路（产生数百千赫以下的低频信号）、LC 振荡电路（产生数百千赫以上的高频信号）和石英晶体振荡电路三类。

④调制是指用一个信号（调制波）去控制一个电振荡（载波）参量的过程。无线电广播采用调频与调幅两种方式。

⑤检波或鉴频都是解调，即从已调信号中取出有用的信号。

实 训 与 考 核

1. 填图题

在如图 5-20 所示的收音机结构框图中，填上电路名称，并画出对应 A、B、C、D、E、F、G 各点对应输出的波形。

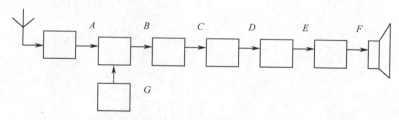

图 5-20　收音机结构框图

2. 问答题

①中频电路的作用与主要性能要求有哪些？

②什么是调制？它有几种方式？

③正弦波振荡电路由哪几部分组成？常见的振荡电路有哪几种？

第二部分　数字电子技术

项目六

组装声光控延时照明开关电路

在电子技术高速发展的今天，数字电路的应用特别广泛，尤其在电子电路及设备中数字电路的应用更为普及。作为电类从业人员，熟悉数字电路的基本概念、基本逻辑门的集成电路等知识是必不可少的。通过本项目的理论学习和声光控延时照明灯电路的制作，就能达到预期目的。

1. 理解数字电路的基本知识
2. 掌握数制之间的转换方法
3. 了解码制的概念和分类
4. 了解逻辑函数的化简方法

1. 正确识别数字集成电路的外形、管脚
2. 熟练分析数字集成电路的逻辑功能
3. 正确制作声光控延时照明开关电路

任务一 认知脉冲与数字信号

任务教学方式

教学步骤	时间安排	教学方式（供参考）
阅读教材	课余	自学、查资料、相互讨论
知识点讲授（含课堂演示）	4 课时	在课程学习中，应结合多媒体课件演示数字信号的特点，使学生对数字信号有一个初步的认识
任务操作	2 课时	在数字集成电路的认识内容中，学生应该边学边练，同时教师应该在实训中有针对性地向学生提出问题，引发思考
评估检测		教师与学生共同完成任务的检测与评估，并能对问题进行分析与处理

任务分析

　　数字电路是通过脉冲数字信号来传输信息的，它们是利用二进制的"0"和"1"来反映电路中两种对立的状态，从而来确认数字电路的输出状态。如何将二进制和数字电路联系在一起呢？通过本任务的学习就可以解决这个问题。

读一读

知识1　数字电路

处理数字信号的电路称为数字电路。它有以下特点：

　　①由于数字电路的工作信号是不连续变化的数字信号，它在电路中表现的状态为信号的有无或者电平的高低。故常用二进制的"0"和"1"来代表，如无脉冲信号用"0"表示，有脉冲信号用"1"表示。

　　②数字电路中晶体管多工作在开关状态，即工作在晶体管的饱和区或截止区，而放大区只是其过渡状态。

　　③数字电路主要是研究输出信号的状态（0 或 1）与输入信号的状态（0 或 1）之间的逻辑关系，因此数字电路也称逻辑电路。

　　另外，数字电路还有抗干扰能力强、功耗低、速度快、利于集成等优点。

知识2　脉冲信号

1. 脉冲信号的特点

脉冲信号是指在短促时间内电压或电流发生突然变化的信号。它具有波形突变的特点，常见的波形有矩形波、梯形波、三角波、钟形波、尖脉冲、阶梯波等，如图 6-1

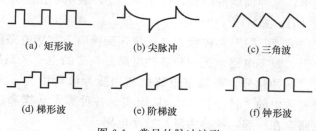

图 6-1　常见的脉冲波形

所示。

通常将产生或变换脉冲波形的电路称为脉冲电路。

2. 理想矩形脉冲信号的参数

对于理想的周期矩形脉冲波，可以用 3 个参数表示，即脉冲幅度 U_m、脉冲持续时间（也称脉冲宽度）t_w、脉冲周期 T，如图 6-2 所示。

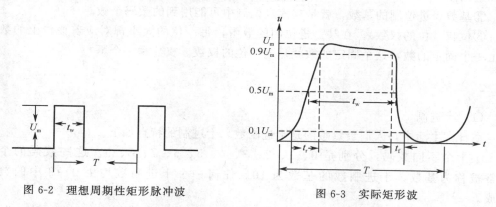

图 6-2　理想周期性矩形脉冲波　　　　　图 6-3　实际矩形波

但在实际运用中，很少有理想的矩形脉冲，因此，对于任意一个非理想的脉冲信号来说，仅用 U_m、t_w、T 这 3 个参数来描述是远远不够的，还必须引入新的参数。

3. 实际矩形脉冲信号的波形参数

实际矩形波如图 6-3 所示，图中标出了该波形的有关参数。

①脉冲幅度 U_m。由静态值到峰值之间的变化量，即脉冲电压变化的最大值。若峰值大于静态值，为正脉冲，若峰值小于静态值，则为负脉冲。

②脉冲上升时间 t_r。从 $0.1U_m$ 上升到 $0.9U_m$ 所经历的时间，也称脉冲前沿。t_r 一般为纳秒数量级。

③脉冲下降时间 t_f。从 $0.9U_m$ 下降到 $0.1U_m$ 所经历的时间，也称脉冲后沿。t_f 一般也为纳秒数量级。

④脉冲宽度 t_w。从脉冲前沿的 $0.5U_m$ 处到后沿的 $0.5U_m$ 处所经历的时间。

⑤脉冲重复周期 T。表示两个同向脉冲信号重复出现一次所需要的时间，简称脉冲周期。

⑥脉冲重复频率。脉冲周期的倒数，即 $f=1/T$，表示单位时间内脉冲重复出现的次数，单位为 Hz、kHz 或 MHz。

当数字信号在"0"和"1"两种状态之间快速变换时，数字电路将输出一系列脉冲波。从这个意义上说，数字电路也是一种脉冲电路。两者的主要区别是：脉冲电路常用于产生、变换和放大脉冲信号，而数字电路则利用脉冲波形中有、无或高、低两种状态，分别代表二进制数中的"1"或"0"，从而实现各种算术运算和逻辑运算。通常把脉冲电路和数字电路合在一起，统称为脉冲数字电路。

知识 3　数字电路的表示方法

数字电路的表示方法常用二进制的"0"和"1"来代表两种对立的状态。

1. 数制的几个基本概念

①进位制。多位数码每一位的构成以及从低位到高位的进位规则称为进位计数制，简称进位制。

②基数。进位制的基数，就是在该进位制中可能用到的数码个数。

③位权（位的权数）。在某一进位制的数中，每一位的大小都对应着该位上的数码乘上一个固定的数，这个固定的数就是这一位的权数。权数是一个幂。

2. 数　制

(1) 十进制

在日常生活中，人们最熟悉的是十进制数。十进制的特点如下。

①十个不同数码，分别是 0、1、2、3、4、5、6、7、8、9。这些数码的个数通常被称为基数，十进制数的基数为 10。任何一个十进制数均由 0～9 中的数码组成。

②"满十进一"的规律计数。例如 8＋3＝11，6＋4＝10。运算规律是逢十进一，即 9＋1＝10。

③十进制数的位权展开式。例如，$(5555)_{10}=5\times10^3+5\times10^2+5\times10^1+5\times10^0$，$(209.04)_{10}=2\times10^2+0\times10^1+9\times10^0+0\times10^{-1}+4\times10^{-2}$。

其中 10^3、10^2、10^1、10^0、10^{-1}、10^{-2} 等称为十进制的位权值。十进制数用电路来表示比较繁琐，因此数字电路中广泛采用二进制数。

(2) 二进制数

二进制数的主要特点如下。

①只有 0、1 两个数码，基数是 2。任何一个二进制数均由这两个数码组成。

②按"满二进一"的规律计数。例如：1＋1＝10，这里 10 表示十进制数 2。

③二进制数的四则运算很简单，其运算法则与十进制类似。

加法运算法则：0＋0＝0　　1＋0＝1　　0＋1＝1　　1＋1＝10　满二向高位进一

减法运算法则：0－0＝0　　1－0＝1　　1－1＝0　　10－1＝1　向高位借一，本位当 2

乘法运算法则：0×0＝0　　0×1＝1×0＝0　　　1×1＝1

除法运算法则：$0 \div 1 = 0$　　$1 \div 1 = 1$

④二进制数的位权展开式。如$(1001001.01)_2 = 1 \times 2^6 + 0 \times 2^5 + 0 \times 2^4 + 1 \times 2^3 + 0 \times 2^2 + 0 \times 2^1 + 1 \times 2^0 + 0 \times 2^{-1} + 1 \times 2^{-2}$。其中$2^6$、$2^5$、$2^4$、$2^3$、$2^2$、$2^1$、$2^0$、$2^{-1}$、$2^{-2}$等为二进制的位权值。

由于二进制数只有0、1两个数码，在电路中易于实现，但其位数过长时难于记忆，不易读写，这时可采用八进制或十六进制来表达。

3. 二进制数与十进制数的转换

二进制数转换成十进制数的方法是首先将二进制数按权展开，然后各项相加，其结果就是等值的十进制数。

例 6-1：将 $(1001001.01)_2$转换为十进制数。

解：$(1001001.01)_2 = 1 \times 2^6 + 0 \times 2^5 + 0 \times 2^4 + 1 \times 2^3 + 0 \times 2^2 + 0 \times 2^1 + 1 \times 2^0 + 0 \times 2^{-1} + 1 \times 2^{-2}$

把十进制数转换成等值的二进制数时，其整数部分的转换采用"除2取余"，直到商为0，之后将余数按逆序排列，即先得到的余数为低位，后得到的余数为高位。小数部分采用"乘2取整"，直到积为0或达到要求后，将积的整数按顺序排列。

例 6-2：将 $(73.25)_{10}$转换为二进制数。

解：先将整数 $(73)_{10}$转换为二进制数，然后再转换小数部分，即

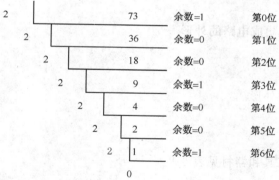

则$(73)_{10} = (1001001)_2$。

对小数部分 $(.25)_{10}$进行转换：

　　$0.25 \times 2 = 0.5$　　　　　　　　整数$= 0$　　　　　　　　-1 位

　　$0.5 \times 2 = 1.0$　　　　　　　　整数$= 1$　　　　　　　　-2 位

$(.25)_{10} = (.01)_2$，所以$(73.25)_{10} = (1001001.01)_2$。

知识 4　数字逻辑代数的表示方法

数字逻辑代数又称开关代数或布尔代数，它是研究逻辑电路的数学工具。

逻辑代数的变量称为逻辑变量，表示逻辑电路的输入、输出状态，通常用大写字母A、B、C、D等来标记。在二进制逻辑中，逻辑变量只有0和1两种取值，分别表示逻辑电路的信号状态（如信号的有无、电平的高低等）。它只表示事物对立的两种状态，

本身没有数量意义。

如果一个逻辑变量 Y 由其他一个或多个逻辑变量（如 A、B、C、D…）的取值所决定，当 A、B、C、D…确定后，Y 也就唯一确定了，则把变量 Y 称为变量 A、B、C、D…的逻辑函数，表示为

$$Y = F(A、B、C、D\cdots)$$

常见的逻辑函数有 4 种表示方法：逻辑函数表示法、逻辑真值表示法、逻辑电路图形符号表示法以及逻辑电路波形图表示法。逻辑函数的这几种表示方法之间可以相互转换。

议一议

二进制数与十进制数之间是怎样对应的？

练一练

练习　二进制数与十进制数之间的转换

把下列的二进制转换为十进制，十进制转换为二进制，比较哪种转换速度快。

$(10010011)_2$

$(10001001.001)_2$

$(49)_{10}$

做一做

实验　认知数字集成电路的外形

1. 实训目的

认识集成电路的外形。

2. 实训器材

本实训所需的工具和器材见表 6-1。

表 6-1　常见数字集成电路外形

名称规格	形状		数量
四二输入与非门 74LS00			每人一块

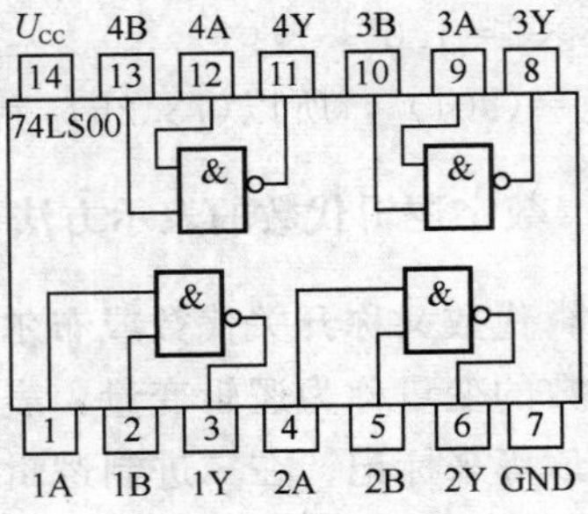

续表

名称规格	形状	数量
四输入双与非门 74LS20	 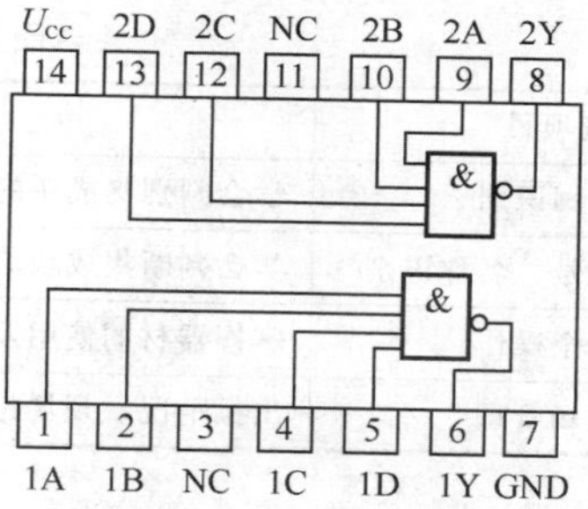	每人一块
四二输入与门 74LS08	 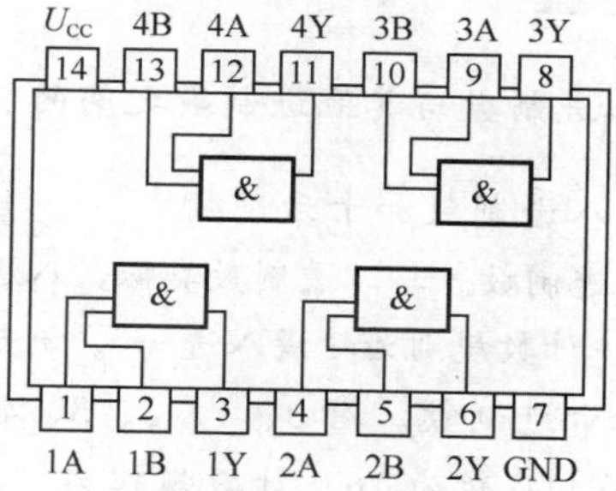	每人一块
四二输入或非门 74LS02	 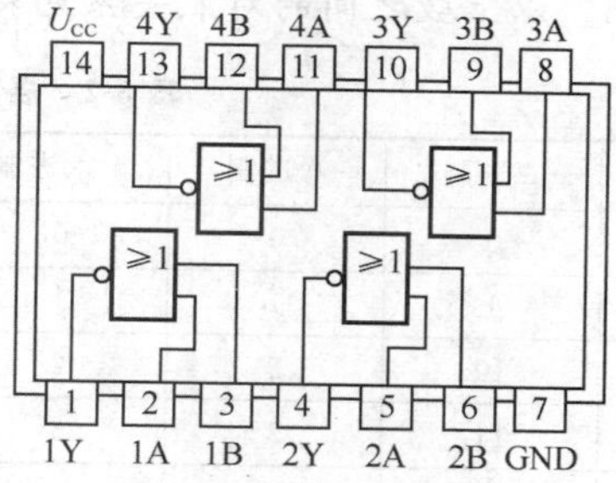	每人一块
四二输入或门 74LS32	 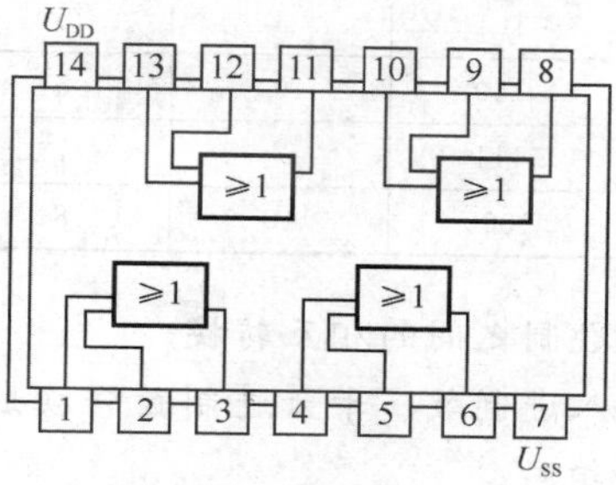	每人一块

3. 实训内容

认识每一个集成块的外形、名称、管脚、型号。判断管脚顺序时，要认清定位标记，即正对集成电路，标记（左边的缺口或小圆点标记）向左，下面的管脚自左向右依次为第 1 管脚、第 2 管脚等，上端管脚自右向左顺序排列，不得排反。

评一评

任务检测与评估

检测项目		评分标准	分值	学生自评	教师评估
任务操作技能	管脚识别	学会判别集成块的管脚顺序	40		
	型号、名称识别	学会判断集成块的名称	30		
	安全操作	掌握器材的使用及放置，元器件的摆放	15		
	现场管理	出勤情况、现场纪律、团队协作精神	15		

知识拓展

*1. 二进制数与其他进制数之间的转换

（1）八进制数和十六制数

①八进制数。与二进制数类似，八进制数有 0、1、2、3、4、5、6、7 共 8 个数码，基数为 8。计数规则为"满八进一"。例如：7＋1＝10，这里 10 表示十进制数的 8。

②十六进制数。有 0、1、2、3、4、5、6、7、8、9、A、B、C、D、E、F 共 16 个数码，基数为 16。计数规律为"满十六进一"，例如 F＋1＝10，这里 10 指十进制数 16。以上数之间的对照关系见表 6-2。

表 6-2 各进制数值对照表

十进制	二进制	八进制	十六进制	十进制	二进制	八进制	十六进制
0	0	0	0	9	1001	11	9
1	1	1	1	10	1010	12	A
2	10	2	2	11	1011	13	B
3	11	3	3	12	1100	14	C
4	100	4	4	13	1101	15	D
5	101	5	5	14	1110	16	E
6	110	6	6	15	1111	17	F
7	111	7	7	16	10000	20	10
8	1000	10	8				

（2）数制之间的相互转换

①将八进制数、十六进制数转换成十进制数的方法与二进制数转换成十进制数的方法相同。

例 6-3：将 $(634.2)_8$ 转换为十进制数。

解：$(634.2)_8 = 6 \times 8^2 + 3 \times 8^1 + 4 \times 8^0 + 2 \times 8^{-1}$

$= 384 + 24 + 4 + 0.25 = (412.25)_{10}$

②十进制数转换成八进制数或十六进制数与转换成二进制数的方法相同。如把十进制数转换成十六进制数，只不过是把基数用 16 代入，整数部分采用"除 16 取余"法，小数部分采用"乘 16 取整"的方法。

③二进制数与八进制数之间的相互转换。因为每 3 位二进制数对应 1 位八进制数，所以二进制数转换为八进制数的方法是将二进制的整数部分自右向左（从 0 位开始往高位数）每 3 位 1 组，最后不足 3 位的用 0 补足；小数部分自左向右（从 -1 位往低位数），每 3 位 1 组，最后不足 3 位在右面补 0，再把每 3 位二进制数用对应的八进制数写出即可。

反之，八进制数转换成二进制数时，只需把每 1 位八进制数写成对应的 3 位二进制数，顺序不变即可。所得二进制的整数部分的最高有效位之前的 0，小数部分的最低效位之后的 0 均无意义，将其去掉。

④二进制数与十六进制数之间的相互转换方法与上述二进制数与八进制数之间相互转换的方法类似，不同之处是每 1 位十六进制数对应 4 位二进制数。

*2. 码制的分类

在数字系统中，各种数据要转换为二进制代码才能进行处理。而在实际生活中，人们习惯于使用十进制数，因此就提出了用一定位数的二进制数来表示一个十进制数的问题。把这些用于表示十进制数的二进制代码称为二-十进制代码，简称 BCD 码。另外还有余 3 码和格雷码等。

由于十进制数共有 10 个数码，至少要用 4 位二进制代码才能表示它。4 位二进制代码，共有 16 种不同的组合形式，可以任意选其中 10 种来表示十进制的 10 个数。所以 BCD 码是用 4 位二进制数表示 1 位十进制数的计数方法，其形式有多种，如 8421BCD 码、2421BCD 码、余 3 码等。下面仅介绍 8421BCD 码。

8421BCD 码是一种有权码，每一位数码都有确定的位权值，从左至右每一位的权值分别是十进制数 8、4、2、1。十进制数与 8421BCD 码的对应关系见表 6-3。表中每一位十进制数都用 4 位二进制数来表示，这是一种最简单、最常用的 BCD 码。由于它的权位值和二进制数一致，因此又称为自然权码。

表 6-3　十进制数与 8421BCD 码对应关系

十进制数	0	1	2	3	4	5	6	7	8	9
8421BCD	0000	0001	0010	0011	0100	0101	0110	0111	1000	1001

例 6-4：将十进制数 $(4529.07)_{10}$ 转换为 8421BCD 码，将 $(1010010.001)_{8421BCD}$ 转换为十进制数。

解：$(4529.07)_{10} = (0100010100101001.00000111)_{8421BCD}$

$(1010010.001)_{8421BCD} = (52.2)_{10}$

* 3. 逻辑函数化简

对逻辑函数进行化简，可求得最简逻辑表达式，由此可以使实现逻辑关系的电路更加简化，节约实现逻辑关系电路的成本。化简逻辑函数有多种方法，下面仅介绍用逻辑代数化简逻辑函数的方法。

（1）逻辑代数的基本定律见表 6-4

表 6-4 逻辑代数的基本定律

名称	表达式
0—1 律	$A+1=1$ 　　　　 $A \cdot 0=0$
自等律	$A+0=A$ 　　　　 $A \cdot 1=A$
重叠律	$A+A=A$ 　　　　 $A \cdot A=A$
互补律	$A+\overline{A}=1$ 　　　　 $A \cdot \overline{A}=0$
交换律	$A+B=B+A$ 　　　　 $A \cdot B=B \cdot A$
结合律	$(A+B)+C=A+(B+C)$ 　　　　 $(A \cdot B) \cdot C=A \cdot (B \cdot C)$
分配律	$A(B+C)=A \cdot B+A \cdot C$ 　　　　 $A+(B \cdot C)=(A+B) \cdot (A+C)$
吸收律	$A+AB=A$ 　　 $A(A+B)=A$ 　　 $AB+A\overline{B}=A$ $(A+B) \cdot (A+\overline{B})=A$ 　　 $A+\overline{A}B=A+B$ 　　 $A(\overline{A}+B)=AB$
冗余律	$AB+\overline{A}C+BC=AB+\overline{A}C$
非非律	$\overline{\overline{A}}=A$
反演律	$\overline{A+B}=\overline{A} \cdot \overline{B}$ 　　　　 $\overline{AB}=\overline{A}+\overline{B}$

反演律又称德·摩根定理，在化简较复杂逻辑关系时十分有用。

要判别两个含有相同逻辑变量的逻辑函数是否相等，只要分别列出这两个函数式的真值表，如果它们的真值表相同，则这两个逻辑函数相等。上述公式都可直接用真值表来证明。

（2）逻辑代数的运算顺序

逻辑代数的运算顺序与普通代数一样，如下所列。

①先算逻辑乘，再算逻辑加，有括号时先算括号内。

②逻辑式求反时可以不再加括号。例如：$(\overline{AB+C})+(\overline{DE \cdot F})$ 可以写成 $\overline{AB+C}+\overline{DEF}$。

③先或后与的运算式，或运算要加括号。如 $(A+B) \cdot (C+D)$ 不能写成 $A+B \cdot C+D$。

例 6-5：化简逻辑函数 $Y=A\overline{B}+C+\overline{A}CD+B\overline{C}D$

$$\begin{aligned}
\textbf{解：} Y &= A\bar{B}+C+\bar{A}\ \overline{C}D+B\overline{C}D \\
&= A\bar{B}+C+\bar{C}(\bar{A}D+BD) && \text{分配律} \\
&= A\bar{B}+C+(\bar{A}D+BD) && \text{吸收律}\quad A+\bar{A}B=A+B \\
&= A\bar{B}+C+D(\bar{A}+B) && \text{分配律} \\
&= A\bar{B}+C+D(\overline{\overline{\bar{A}+B}}) && \text{非非律} \\
&= A\bar{B}+C+D\ \overline{A\ \bar{B}} && \text{反演律} \\
&= (A\bar{B}+D\ \overline{A\bar{B}})+C && \text{分配律} \\
&= A\bar{B}+D+C && \text{吸收律}\quad A+\bar{A}B=A+B
\end{aligned}$$

任务二　认知逻辑门

教学步骤	时间安排	教学方式（供参考）
阅读教材	课余	自学、查资料、相互讨论
知识讲解	2课时	在课程学习中，结合多媒体仿真演示逻辑门电路的逻辑功能，使学生对数字逻辑电路的工作过程和功能有形象的认识
任务操作	4课时	在实训时，学生应该边学边练，同时教师应该在实训中有针对性地向学生提出问题，引发思考
评估检测		教师与学生共同完成任务的检测与评估，并能对问题进行分析与处理

　　通过对常见数字集成电路的认知，了解了不同的集成电路具有不同的逻辑功能。本任务就是来学习与、或、非、与非等逻辑集成电路的逻辑关系以及逻辑功能的测试的。

读一读

知识1　与逻辑、与门电路及其表示方式

　　决定事件的所有条件都具备之后，该事件才会发生而且一定会发生，这样的因果关系称为与逻辑关系（亦称逻辑乘）。图 6-4 中要发生的事件是灯 Y 亮，开关 A、B 闭合是事件发生的条件，只有开关 A、B 都闭合，灯才会亮。假设条件满足为逻辑"1"，不

满足为逻辑"0"，可得表 6-5。表中 A、B 为输入变量，Y 为对应输出量。显然，只有输入变量 A＝B＝1，才有输出量 Y＝1，这就是"与"门。如图 6-5 所示为与门电路的图形符号。

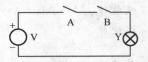

图 6-4　与逻辑电路示例图　　图 6-5　与门电路图形符号

表 6-5　与门逻辑真值表

A	B	Y
0	0	0
0	1	0
1	0	0
1	1	1

输出量 Y 和输入变量 A、B 之间的逻辑表达式为：$Y＝A \cdot B$。与逻辑的基本运算是：$0 \cdot 0＝0$；$0 \cdot 1＝0$；$1 \cdot 0＝0$；$1 \cdot 1＝1$。

与门电路的输入不一定只是两个，它可以有多个输入信号。它们的逻辑表达式为：$Y＝A \cdot B \cdot C \cdot D\cdots$。逻辑关系可以概括为"有 0 出 0，全 1 为 1"。

根据输入变量 A、B 的波形，按照与运算的逻辑功能可以画出与门的输出波形 Y，如图 6-6 所示。

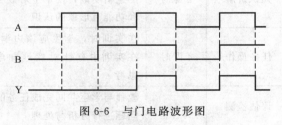

图 6-6　与门电路波形图

知识 2　或逻辑、或门电路及其表示方式

决定事件的各个条件中，只具备其中一个条件时，事件就会发生，这样的关系称为或逻辑关系（亦称逻辑加）。如图 6-7 所示，开关中只要有任一闭合，灯就会亮。或门电路的图形符号如图 6-8 所示。其真值表见表 6-6。

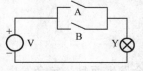

图 6-7　或逻辑电路示例图　　图 6-8　或门电路图形符号

表 6-6　或门逻辑真值表

A	B	Y
0	0	0
0	1	1
1	0	1
1	1	1

　　输出量 Y 和输入变量 A、B 关系用逻辑表达式写出为：$Y＝A＋B$。或逻辑的基本运算是：$0＋0＝0$；$0＋1＝1$；$1＋0＝1$；$1＋1＝1$。

　　这里特别注意或逻辑运算和二进制算术运算是不一样的。或门电路的输入不一定是两个，也可以有多个输入信号，它们的逻辑表达式为：$Y＝A＋B＋C＋D＋\cdots$。

　　由或逻辑的运算结果可以看出或的逻辑关系为："有 1 出 1，全 0 为 0"。由此可得到或逻辑运算的波形图如图 6-9 所示。

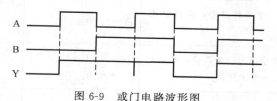

图 6-9　或门电路波形图

知识 3　非逻辑、非门电路及其表示方式

　　"非"就是否定、相反的意思，即决定事件的条件具备了，结果不发生；而条件不具备时，结果反而发生。"非"逻辑的运算关系如图 6-10 所示，即若要灯 Y 亮，则开关 A 不闭合；如开关 A 闭合，灯 Y 反而不亮。非门电路的图形符号如图 6-11 所示。非门电路的真值表见表 6-7。

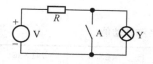

图 6-10　非逻辑电路示例图

图 6-11　非门电路图形符号

表 6-7　非门真值表

A	Y
0	1
1	0

　　非逻辑的基本运算为：$\bar{0}＝1$，$\bar{1}＝0$，所以可以得出非逻辑的表达式为：$Y＝\bar{A}$。

知识 4　复合逻辑门的表示方式

　　与、或、非是 3 种最基本的逻辑关系，任何其他的复杂逻辑关系都可以由这 3 种逻辑关系组合而成。例如，将与门和非门组合连接，如图 6-12（a）所示。可得图 6-12（b)所示的与非门。表 6-8 是几种常见的复合逻辑函数及对应门电路的图形符号。

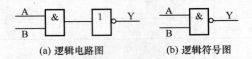

(a) 逻辑电路图   (b) 逻辑符号图

图 6-12   与非门的复合

与非门的逻辑函数式为：$Y=\overline{AB}$。

表 6-8   复合逻辑门电路

逻辑关系	含　义	逻辑表达式	图形符号
与非	条件都具备了事件就不发生	$Y=\overline{AB}$	
或非	只要有一个条件具备，事件就不发生	$Y=\overline{A+B}$	
异或	两个条件中只有一个具备，另一个不具备，事件才发生	$Y=\overline{A}\cdot B+A\cdot\overline{B}$ $=A\oplus B$	
同或	两个条件同时具备或同时不具备，事件才发生	$Y=\overline{A}\cdot\overline{B}+A\cdot B$ $=\overline{A\oplus B}=A\odot B$	

①与、或、与非、或非电路符号上有哪些区别？功能上有什么区别？

②与、或、非、与非、或非的集成电路有哪些？两输入端、三输入端、四输入端的集成与非门电路有哪些？

③填写表 6-9，写出对应集成电路名称。

表 6-9   集成电路的名称及功能

型号	74LS32	74LS08	74LS20	74LS00	74LS86	74LS04
功能名称						

练一练

练习   常见基本门电路的逻辑功能验证

1. 与非门（CD4011 或 74LS00）逻辑功能测试

①将 CD4011 与非门插入集成块底座。器件的插入方法一般是将有标记（凹槽）的一侧插在左边，无标记的一侧插在右边，或插在实验面板上的任一插座上，输入端 1、2 管脚接逻辑电平"0"或"1"，输出端 3 管脚接发光二极管，灯亮为 1，灯不亮为 0，

如图 6-13 所示。以下均与此相同。注意：CD4011 与 74LS00 输入输出管脚略有不同，但逻辑功能是相同的。

②将 CD4011 的 14 脚接+5V 电源，7 脚接地，如图 6-14 所示。

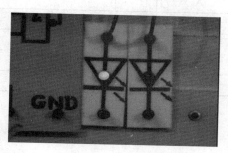

图 6-13　发光二极管

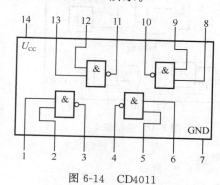

图 6-14　CD4011

③按表 6-10 所列的输入端要求，将 CD4011 任一组输入端接入逻辑电平，测试输出端逻辑电平值，将结果记录于表 6-10 所列真值表中，权值应符合逻辑关系式 $Y=\overline{AB}$。并用万用表测出各端电压值，将其记录于表 6-11 所列电平表中。

表 6-10　真值表

A（1）	B（2）	Y（3）
0	0	
0	1	
1	0	
1	1	

表 6-11　电平表

U_A	U_B	U_Y

2. 或非门（74LS02）逻辑功能测试

测试方法同与非门逻辑功能测试。74LS02 如图 6-15 所示（注意与 74LS00 的输入、输出端的位置有区别）。将测试结果填入表 6-12 中，权值应符合逻辑关系式 $Y=\overline{A+B}$。

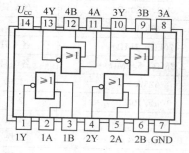

图 6-15　74LS02

表 6-12　真值表

A	B	Y
0	0	
0	1	
1	0	
1	1	

3. 异或门（74LS86）逻辑功能测试

测试方法同与非门逻辑功能测试。74LS86 如图 6-16 所示。将测试结果填入

表 6-13 中，数据应符合逻辑关系式 Y＝A⊕B。

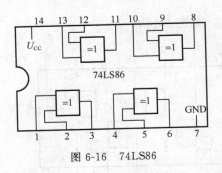

图 6-16　74LS86

表 6-13　真值表

A	B	Y
0	0	
0	1	
1	0	
1	1	

做一做

实验　组装声光控延时照明开关电路

1. 实训目的

动手组装调试声光控延时电路，熟悉数字集成电路的用途，掌握集成电路的制作方法。

2. 实训所需工具和器材

本实训项目所需的工具和器材见表 6-14。

表 6-14　组装声光控延时照明开关电路所需的工具和器材

序号	名称	型号与规格	数量
1	集成电路 IC	CD4011	1块
2	单向可控硅 T（晶闸管）	100-6	1只
3	晶体管 VT	9014	1只
4	二极管 $VD_1 \sim VD_5$	IN4001	5只
5	驻极体 BM	54±2dB	1只
6	电阻器 R_6、R_1	10kΩ、120kΩ	各1只
7	电阻器 R_2、R_3	47kΩ	2只
8	电阻器 R_7、R_5	470kΩ、1MΩ	各1只
9	电阻器 R_4、R_8	2.2MΩ、5.1MΩ	各1只
10	光敏电阻 R_G	625A	1只
11	电解电容 C_2、C_3	10μF/10V	2只
12	瓷片电容 C_1	104	1只
13	万能实验板	100mm×120mm	1块
14	电烙铁、焊锡	自定	1套
15	万用表	自定	1块

注：单向可控硅、驻极体如图 6-17 所示。

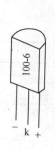

图 6-17 单向可控硅、驻极体

3.组装

依据图 6-18 所示的声光控延时电路原理图，在万能实验板上将实验器材连接起来。

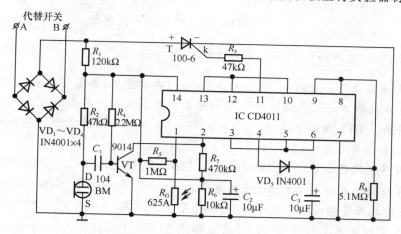

图 6-18 声光控延时电路原理图

准备好元件后，用万用表检测各元件的质量，无误后按照原理图焊接制作。焊接时注意先焊接无极性的阻容元件，电阻采用卧装，电容采用直立装，紧贴电路板。焊接有极性的元件如电解电容、驻极体话筒、整流二极管、三极管、单向可控硅等元件时，需保证极性的正确，千万不要装反，否则电路不能正常工作甚至烧毁元器件。

4.调试

调试前，先将焊好的电路板对照电路图认真核对一遍，不要有错焊、漏焊、短路、元件相碰等现象发生。通电后，人体不允许接触电路板的任一部分，注意安全。

电路调试时先将光敏电阻的光挡住，A、B 分接在电灯的开关位上，用手轻拍驻极体，这时灯应亮。若用光照射光敏电阻，再用手重拍驻极体，这时灯不亮，说明光敏电阻完好，调试成功。如无以上现象，则检查有无虚、假、错焊及短路现象。

评一评

任务检测与评估

	检测项目	评分标准	分值	学生自评	教师评估
任务知识内容	门电路的认识	熟悉门电路的逻辑功能、逻辑符号	15		
	集成电路的分析	能够识读原理图和分析波形图	15		
任务操作技能	集成电路的逻辑功能测试	学会判别集成电路的型号及功能	30		
	电路的制作	学会正确组装调试声光控延时电路	30		
	安全操作	掌握工具和仪器的使用及放置，元器件的拆卸和安装	5		
	现场管理	出勤情况、现场纪律、团队协作精神	5		

知识拓展

·**TTL、CMOS 门电路的区别**

1. TTL 门电路和 CMOS 门电路的概念

TTL 电路是 Transister-Transister-Logic（晶体管–晶体管逻辑电路）的缩写，是数字集成电路的一大门类。它采用双极型工艺制造，具有高速度、低功耗和品种多等特点。TTL 系列主要有 54/74 系列（54 系列工作温度为 $-55 \sim +125℃$，74 系列工作温度为 $0 \sim +75℃$）。

CMOS 电路是金属–氧化物–半导体（Metal-Oxide-Semiconductor）集成电路。具有这样结构的晶体管简称 MOS 晶体管，有 P 型 MOS 管和 N 型 MOS 管之分。由 MOS 场效应管构成的集成电路称为 MOS 集成电路，而由 PMOS 和 NMOS 场效应管共同构成的互补型 MOS 集成电路即为 CMOS-IC（Complementary MOS Integrated Circuit）。

2. TTL 与 CMOS 电路的区别

TTL 门电路是双极型器件，一般电源电压为 5V，速度快（几纳秒），功耗大（mA 级），负载力大，不用的管脚一般不用处理。CMOS 门电路是单极器件，一般电源电压为 15V，速度慢（几百纳秒），功耗低，节省电源（μA 级），负载力小，不用的管脚必须处理。CMOS 和 TTL 电平的主要区别在于输入转换电平。

CMOS 电路应用较广，具有输入阻抗高、输出能力强、电源电压宽、静态功耗低、抗干扰能力强、温度稳定性好等特点，但多数工作速度低于 TTL 电路。

如用 TTL 驱动 CMOS，要考虑电平的接口；如用 CMOS 驱动 TTL，要考虑驱动电流不能太低。

项 目 小 结

①数字电路的特点是用二进制数的"0"和"1"来表示，分别表示电路中对立的两个方面，如电平的高低、开关的闭合等这种逻辑关系，所以数字电路又称为逻辑电路。

②二进制数、十进制数之间可以相互转换，这样就可以将平常的十进制数和二进制数联系起来。可以按照一定的规则用多位二进制数表示为十进制数，这就是一种简单的码制，如 8421BCD 码制。

③在数字电路中最基本的逻辑门电路有与门、或门、非门、与非门、或非门、异或门等，每一种门电路都有各自的逻辑关系，反映各自的逻辑电路，同时也有各自的集成电路。本项目对集成电路的认识和逻辑功能的测试是一个重点内容。

④不同的逻辑函数对应不同的逻辑电路，逻辑函数的繁简也就反映了逻辑电路的繁简，这样对逻辑函数的化简显得尤为重要。

⑤声光控延时照明开关电路的组装、调试是数模电的一种结合，声光控延时照明开关电路也是生活中应用比较广泛的一种电路。通过本产品的制作让同学们学以致用，同时也了解了数字集成电路的特点。

经过声光控延时照明开关电路的组装、调试，使学生能更好地理解集成电路的运用，能够掌握数字逻辑电路的逻辑功能，在动手实训中主动发现在理论学习中没有出现或没有注意到的问题，达到理论与实践相结合的目的，也培养了学生在电子技术方面的兴趣和爱好。

实 训 与 考 核

1. 填空题

①常用的逻辑门为_____、_____、_____。

②与逻辑的表达式为_____，其逻辑功能为全_____出_____，有_____出_____。或逻辑的表达式为_____，其逻辑功能为全_____出_____，有_____出_____。异或逻辑的表达式为_____，其逻辑功能为同出_____，异出_____。

③数字信号的基本工作信号是_____进制的数字信号，对应在电路上需要在_____种不同状态下工作，即_____和_____。

2. 单项选择题

①二进制 1010 转换为十进制数为_____。

A. 2　　　　　　B. 10　　　　　C. 11111110010　　　　　D. 1001111111

②根据逻辑代数基本定律可知 $A+BC=$_____。

A. A

C. $A \cdot (B+C)$

B. $A \cdot B + A \cdot C$

D. $(A+B) \cdot (A+C)$

③下列哪种逻辑表达式化简结果错误？_____

A. $A+1=A$

C. $A \cdot 1=A$

B. $A+AB=A$

D. $A \cdot A=A$

④十进制数 4 用 8421 BCD 码表示为 _____。

A. 100　　　　　B. 0100　　　　　C. 0011　　　　　　　　　　D. 11

⑤选择一组正确的公式 _____。

A. $A+B=B+A$　　　　　　　　B. $0 \cdot A=0$

C. $A+AB=A+B$　　　　　　　D. $A+AB=A$

项目七

制作三人表决器

本项目主要介绍编码器、译码器的基本知识和逻辑集成电路，以及利用译码器、编码器组装三人表决器的方法和技能。

通过本项目的练习，使学生掌握利用数字集成电路制作电子产品的方法，理解数字电路的基本知识，学会集成电路管脚的识别方法。

1. 掌握组合逻辑电路分析的基本知识
2. 掌握译码器、编码器的逻辑功能
3. 了解组合逻辑电路的设计方法
4. 了解显示译码器的逻辑功能

1. 正确识别译码器、编码器的管脚
2. 熟练分析译码器、编码器的逻辑功能
3. 正确制作二-十进制显示电路
4. 正确制作三人表决器

任务一　制作二–十进制显示电路

教学步骤	时间安排	教学方式（供参考）
阅读教材	课余	自学、查资料、相互讨论
知识讲解	4 课时	在课程学习中，应结合多媒体仿真演示译码过程，使学生对译码器工作过程有一个形象的认识
任务操作	4 课时	在实训中，学生应该边学边练，同时教师应该在实训中有针对性地向学生提出问题，引发思考
评估检测		教师与学生共同完成任务的检测与评估，并能对问题进行分析与处理

在日常生活中，常看到能够显示数字、字符等的数码显示电路，但是对于它们的工作过程却往往不了解。通过本项目的学习就可以解开其中之奥秘。

读一读

知识1　组合逻辑电路的分析

组合逻辑电路的分析是根据已知的组合逻辑电路，确定其输入与输出之间的逻辑关系，验证和说明此电路逻辑功能的过程。分析方法一般按以下步骤进行。

①根据给定的逻辑电路图，写出输出端的逻辑函数表达式。

②对所得到的表达式进行化简和变换，得到最简式。

③根据最简式列出真值表。

④分析真值表，确定电路的逻辑功能。

例7-1： 分析图7-1所示电路的逻辑功能。

解： ①逐级写出逻辑函数表达式。

$Y_1 = AB$　$Y_2 = BC$　$Y_3 = AC$　$Y = Y_1 + Y_2 + Y_3$

所以 $Y = AB + BC + AC$

②由于上式已经是最简，不需要再化简了。

③列真值表，见表7-1。

④说明逻辑功能：从表7-1可以看出，当3个输入信号中有两个以上取值为1时，输出Y就为1，否则Y为0。即多数输入为1时输出才为1，因此该电路可以完成多数表决功能，称为三输入的多数表决电路。

表 7-1　例 7-1 真值表

A	B	C	Y
0	0	0	0
0	0	1	0
0	1	0	0
0	1	1	1
1	0	0	0
1	0	1	1
1	1	0	1
1	1	1	1

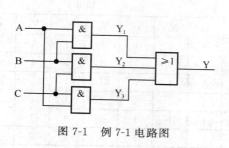

图 7-1　例 7-1 电路图

知识 2　译码器

组合逻辑电路在数字系统中使用频繁，为了方便工程应用，常把某些具有特定逻辑功能的组合电路制造成中小规模集成电路。常见的组合逻辑电路有编码器、译码器、数据分配器、数据选择器等。

将含有特定意义的一组二进制代码按其所代表的原意翻译成对应输出信号，具有这种功能的逻辑电路称为译码器。根据逻辑功能的不同，译码器可分为二进制译码器、二-十进制译码器、代码转换器、显示译码器等。下面以二进制译码器和显示译码器为例，介绍其逻辑功能和工作原理。

（1）二进制译码器

二进制译码器就是将输入的二进制代码译成相应输出信号的电路。二进制译码器可以分为 2-4 线译码器（74LS139）、3-8 线译码器（74LS138）和 4-16 线译码器（74LS154）等，3-8 线译码器引脚如图 7-2 所示。所谓 3-8 线译码器，就是有 3 条输入线 A_0、A_1、A_2，输入 3 位二进制代码，8 条输出线 $\overline{Y}_0 \sim \overline{Y}_7$。

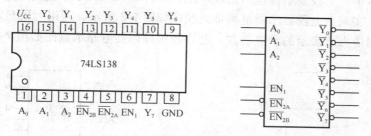

图 7-2　3-8 线集成译码器 74LS138 引脚图

该电路除了具有 3 路输入，8 路输出以外，还有 EN_1、$\overline{EN_{2A}}$、$\overline{EN_{2B}}$ 这 3 个选通端（也称为使能端），其状态用以控制译码器的工作。当 $EN_1=1$，$\overline{EN_{2B}}=\overline{EN_{2A}}=0$ 时，译码器正常工作；$EN_1=0$，$\overline{EN_{2B}}=\overline{EN_{2A}}$ 或 $\overline{EN_{2B}}=1$，$EN_1=\overline{EN_{2A}}$ 或 $\overline{EN_{2A}}=1$，$EN_1=\overline{EN_{2B}}$ 时，输出端均为高电平，不能译码。该译码器的输出是低电平有效。其真值表见表 7-2。

表 7-2　74LS138 集成译码器的真值表

输入						输出							
EN_1	$\overline{EN_{2B}}$	$\overline{EN_{2A}}$	A_2	A_1	A_0	$\overline{Y_0}$	$\overline{Y_1}$	$\overline{Y_2}$	$\overline{Y_3}$	$\overline{Y_4}$	$\overline{Y_5}$	$\overline{Y_6}$	$\overline{Y_7}$
1	0	0	0	0	0	0	1	1	1	1	1	1	1
1	0	0	0	0	1	1	0	1	1	1	1	1	1
1	0	0	0	1	0	1	1	0	1	1	1	1	1
1	0	0	0	1	1	1	1	1	0	1	1	1	1
1	0	0	1	0	0	1	1	1	1	0	1	1	1
1	0	0	1	0	1	1	1	1	1	1	0	1	1
1	0	0	1	1	0	1	1	1	1	1	1	0	1
1	0	0	1	1	1	1	1	1	1	1	1	1	0
×	1	×	×	×	×	1	1	1	1	1	1	1	1
×	×	1	×	×	×	1	1	1	1	1	1	1	1
0	×	×	×	×	×	1	1	1	1	1	1	1	1

由真值表可写出各输出端的逻辑表达式如下。

$$\overline{Y_0} = \overline{\overline{A_2}\,\overline{A_1}\,\overline{A_0}} \qquad \overline{Y_1} = \overline{\overline{A_2}\,\overline{A_1}A_0}$$

$$\overline{Y_2} = \overline{\overline{A_2}A_1\,\overline{A_0}} \qquad \overline{Y_3} = \overline{\overline{A_2}A_1A_0}$$

$$\overline{Y_4} = \overline{A_2\,\overline{A_1}\,\overline{A_0}} \qquad \overline{Y_5} = \overline{A_2\,\overline{A_1}A_0}$$

$$\overline{Y_6} = \overline{A_2A_1\,\overline{A_0}} \qquad \overline{Y_7} = \overline{A_2A_1A_0}$$

4-16 译码器和 2-4 译码器的原理与 3-8 译码器的原理相似。

（2）显示译码器

显示译码器是把数字、文字或符号的代码译成相应信号输出的逻辑电路。

在显示器中，七段显示器运用比较广泛。它将 0～9 的 10 个数码通过七段笔画亮灭的不同组合来实现。七段显示器笔画排列顺序如图 7-3 所示，利用七段显示器可以显示由 4 位二进制输入所表示的十进制数。七段显示译码器电路示意图如图 7-4 所示。

图 7-3　七段显示译码器　　　　　图 7-4　七段显示译码器示意图

当 A_0、A_1、A_2、A_3 都为 0 时，a、b、c、d、e、f 为 1，g 为 0，显示 0；当 $A_3A_2A_1A_0 = 0001$ 时，b、c 为 1，其余为 0，显示 1；其余依次类推，如图 7-5 所示。

数码管的 7 个发光二极管内部接法可分为共阴极和共阳极两种，分别如图 7-6（a）、（b）所示。共阴极接法中，发光二极管的负极相连。a～g 引脚中，输入高电平的线段发光。共阳极接法中，各发光二极管的正极相连。a～g 引脚中，输入低电平的线段发光。控制不同的发光段，可显示 0～9 不同的数字。

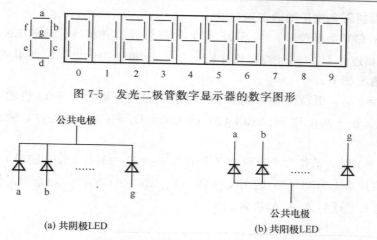

图 7-5　发光二极管数字显示器的数字图形

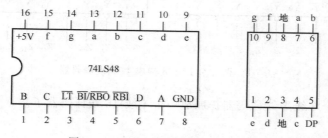

(a) 共阴极LED　　　　　　　　　　(b) 共阳极LED

图 7-6　发光二极管数码管的连接方式

常用的七段显示译码器有荧光数码管、半导体发光显示器和液晶显示器 3 种。常用的中规模集成七段显示译码器标准产品有 74LS47（共阳极）、74LS48（共阴极）芯片等类型。类型不同，其输出结构也不相同，因而在使用时一定要正确选择。图 7-7 为 74LS48 引脚图及引脚功能图。

图 7-7　74LS48 引脚图及引脚功能图

图中，D、C、B、A 为 BCD 码输入端；a、b、c、d、e、f、g 为译码输出端；$\overline{BI}$ 为消隐输入端，$\overline{BI}=0$ 时，数码管七段全灭；$\overline{LT}$ 为测试输入端，$\overline{LT}=0$ 时，数码管七段全亮；$\overline{RBI}$ 为灭零输入端，$\overline{RBI}=0$ 时，数字"0"不显示，即数码管七段全灭，数字 1～9 正常显示，$\overline{RBI}=1$ 时，数字"0"～"9"正常显示；$\overline{RBO}$ 为灭零输出端，数字 0 不显示时，该引脚输出电平 0，数字 0 正常显示时，该引脚输出电平 1。

议一议

①组合逻辑电路的分析步骤是什么？

②74LS139 的逻辑功能是什么？

③74LS47 和 74LS48 的区别是什么？

练一练

练习　用两片 74LS138 构成 4-16 线译码器

如图 7-8 所示，将两片 74LS138 级联构成 4-16 译码器，并在实验板上验证构成的

4-16 线译码器能否完成正确的逻辑功能。

74LS138（1）为低位片，74LS138（2）为高位片。并将高位片的 EN_1 和低位片的 $\overline{EN_{2A}}$、$\overline{EN_{2B}}$ 相连作 D_3，同时将高位片 $\overline{EN_{2A}}$、$\overline{EN_{2B}}$ 相连接低电平，便组成了 4-16 线译码器。工作情况如下。

①当 $D_3 = 0$ 时，低位片 74LS138（1）工作，这时，输出 $\overline{Y_7} \sim \overline{Y_0}$ 由输入二进制代码 $A_2 A_1 A_0$ 决定。由于高位片 74LS138（2）的 $EN_1 = D_3 = 0$ 而不能工作，输出 $\overline{Y_7} \sim \overline{Y_0}$ 都为高电平 1。

②当 $D_3 = 1$ 时，低位片 74LS138（1）的 $\overline{EN_{2B}} = D_3 = 1$ 不工作，输出 $\overline{Y_7} \sim \overline{Y_0}$ 都为高电平 1。高位片 74LS138（2）的 $EN_1 = D_3 = 1$，$\overline{EN_{2A}} = \overline{EN_{2B}} = 0$，处于工作状态，输出 $\overline{Y_7} \sim \overline{Y_0}$ 由输入二进制 $A_2 A_1 A_0$ 决定。

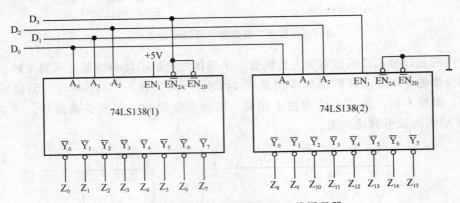

图 7-8　两片 74LS138 构成 4-16 线译码器

这样就用两个 3 线-8 线译码器扩展成一个 4 线-16 线译码器了。

做一做

实验　制作二-十进制显示电路

1. 实训目的

在实训台上制作显示电路，观察一位十进制显示过程，熟悉七段数码显示电路的用途。

2. 实训所需器材

实训所需器材见表 7-3。

表 7-3　实训所需器材

序号	名称	型号与规格	数量
1	显示译码器	74LS48	1块
2	七段共阴极数码管 IC	CD4511	1块
3	逻辑电平开关		4个
4	实训台		

3. 组装调试

　　将七段数码管的 a～g 端对应连接到 74LS48 译码器的 a～g 端。任选实验板上的一组电平开关的输出 A、B、C、D 接至 74LS48 译码器的输入端 A、B、C、D，将 $\overline{LT}$、$\overline{RBI}$ 分别接至逻辑电平输出插口，原理图如图 7-9 所示。然后按表 7-4 逐项观测拨码盘上的十进制数与数码管显示的对应数字是否一致以及译码显示是否正常。

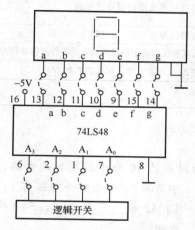

图 7-9　二-十进制显示电路原理图

表 7-4　74LS48 逻辑功能验证表

输		入				$\overline{BI}/\overline{RBO}$	显示数字
$\overline{LT}$	$\overline{RBI}$	D	C	B	A		
×	×	×	×	×	×	0	
0	×	×	×	×	×	1	
1	1	0	0	0	0	1	
1	×	0	0	0	1	1	
1	×	0	0	1	0	1	
1	×	0	0	1	1	1	
1	×	0	1	0	0	1	
1	×	0	1	0	1	1	
1	×	0	1	1	0	1	
1	×	0	1	1	1	1	
1	×	1	0	0	0	1	
1	×	1	0	0	1	1	
1	0	1	0	0	1		
1	1	1	0	0	1		
1	0	0	0	0	0		

　　注意：对于 $\overline{BI}/\overline{RBO}$ 引脚，在表 7-4 中给出数字时用作输入端，需接至逻辑电平输出插口；给出空白时用作输出端，需接至逻辑电平输入插口。

评一评

任务检测与评估

	检测项目	评分标准	分值	学生自评	教师评估
任务知识内容	译码电路的认识	熟悉译码器的逻辑功能、逻辑符号	15		
任务知识内容	集成译码器分析	能够熟悉集成译码器的管脚用途及分析电路	15		
任务操作技能	集成译码器的逻辑功能测试	学会判别集成电路的型号及功能	30		
任务操作技能	电路的制作	能够正确组装调试二-十进制显示电路	30		
任务操作技能	安全操作	掌握工具和仪器的使用及放置，元器件的拆卸和安装	5		
任务操作技能	现场管理	出勤情况、现场纪律、团队协作精神	5		

知识拓展

1. 二-十进制译码器

能够将 BCD 码翻译为对应的 10 个十进制数的电路，称为二-十进制译码器。常用的二-十进制译码器有 74LS42、74HC42、T1042、T4042 等。下面以 74LS42 译码器为例说明其工作原理。

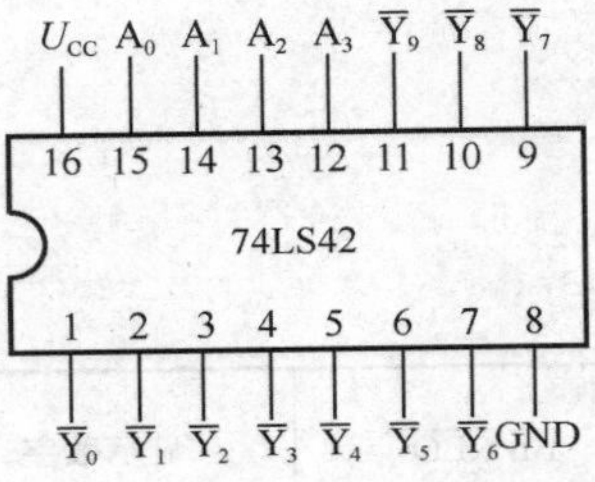

图 7-10 是 74LS42 译码器引脚排列图。BCD 码是用 4 位二进制数码表示 1 位十进制数，即译码器的输入为 4 位二进制数，有 4 条输入线 A_0、A_1、A_2、A_3；10 条输出线 $\overline{Y_0} \sim \overline{Y_9}$，分别对应着十进制数 0~9，所以也称为 4 线-10 线译码器，输出低电平有效。74LS42 集成译码器的真值表见表 7-5。

图 7-10　74LS42 译码器引脚排列图

表 7-5　74LS42 译码器真值表

序号	输入				输出									
	A_3	A_2	A_1	A_0	$\overline{Y_0}$	$\overline{Y_1}$	$\overline{Y_2}$	$\overline{Y_3}$	$\overline{Y_4}$	$\overline{Y_5}$	$\overline{Y_6}$	$\overline{Y_7}$	$\overline{Y_8}$	$\overline{Y_9}$
0	0	0	0	0	0	1	1	1	1	1	1	1	1	1
1	0	0	0	1	1	0	1	1	1	1	1	1	1	1
2	0	0	1	0	1	1	0	1	1	1	1	1	1	1
3	0	0	1	1	1	1	1	0	1	1	1	1	1	1
4	0	1	0	0	1	1	1	1	0	1	1	1	1	1
5	0	1	0	1	1	1	1	1	1	0	1	1	1	1
6	0	1	1	0	1	1	1	1	1	1	0	1	1	1
7	0	1	1	1	1	1	1	1	1	1	1	0	1	1
8	1	0	0	0	1	1	1	1	1	1	1	1	0	1
9	1	0	0	1	1	1	1	1	1	1	1	1	1	0

续表

序号	输入				输出									
	A_3	A_2	A_1	A_0	$\overline{Y_0}$	$\overline{Y_1}$	$\overline{Y_2}$	$\overline{Y_3}$	$\overline{Y_4}$	$\overline{Y_5}$	$\overline{Y_6}$	$\overline{Y_7}$	$\overline{Y_8}$	$\overline{Y_9}$
伪码	1	0	1	0	1	1	1	1	1	1	1	1	1	1
	1	0	1	1	1	1	1	1	1	1	1	1	1	1
	1	1	0	0	1	1	1	1	1	1	1	1	1	1
	1	1	0	1	1	1	1	1	1	1	1	1	1	1
	1	1	1	0	1	1	1	1	1	1	1	1	1	1
	1	1	1	1	1	1	1	1	1	1	1	1	1	1

对于 BCD 码以外的无效数码（也称为伪码，即 1010～1111 共 6 个代码），74LS42 能自动拒绝伪码，输出端全部为高电平，拒绝"翻译"。

2. 液晶显示器

（1）液晶显示器的概念

液晶显示器又称 LCD（Liquid Crystal Display），为平面超薄的显示设备，它由一定数量的彩色或黑白像素组成，放置于光源或者反射面前方。液晶显示器功耗很低，因此备受用户欢迎，适用于使用电池的电子设备。它的主要原理是以电流刺激液晶分子产生点、线、面，且配合背部灯管构成画面。

（2）液晶显示器的特点

①机身薄，节省空间。与比较笨重的 CRT 显示器相比，液晶显示器只有后者1/3 的空间。

②省电，不产生高温。它属于低耗电产品，可以做到完全不发热（主要耗电和发热部分存在于背光灯管或 LED），而 CRT 显示器因显像技术不可避免产生高温。

③无辐射，益健康。液晶显示器完全无辐射，这对于整天在计算机前工作的人来说是一个福音。

④画面柔和不伤眼。不同于 CRT 技术，液晶显示器画面不会闪烁，可以减少显示器对眼睛的伤害，眼睛不容易疲劳。

（3）LCD 与 LED 的区别

LCD 是液晶显示屏，主要用来做面显示的，它本身不发光，而是利用电流使屏幕产生各种颜色的浑浊现象，通过后置光源经前面的 LCD 面板使人看到图案。LED 是发光二极管，它本身是点光源，发出来的光不是一个面，而是一个点。当用 LED 做显示屏时，主要适合于室内外大屏幕、观看距离较远的情况，因为 LED 显示屏的分辨率远远小于 LCD。LCD 在计算机液晶显示器、手机显示屏中大量应用。

任务二　制作三人表决器

教学步骤	时间安排	教学方式（供参考）
阅读教材	课余	自学、查资料、相互讨论
知识讲解	2 课时	在课程学习中，应结合多媒体仿真演示编码过程，使学生对编码器工作过程有一个形象的认识
任务操作	4 课时	在实训中，学生应该边学边练，同时教师应该在实训中有针对性地向学生提出问题，引发思考
评估检测		教师与学生共同完成任务的检测与评估，并能对问题进行分析与处理

在计算机和数字电路中，编码就是将数字、字符、汉字按照一定的规则转换为电路能够识别的信号，就像生活中车管部门给每辆车一个车牌号，电信部门给每个用户一个电话号码一样。而在数字电路中的编码又是如何进行的呢？通过本任务的学习，这个问题将迎刃而解。

读一读

知识　编码器

能够实现编码功能的组合逻辑电路称为编码器。前面介绍的 BCD 码就是由二-十进制编码器来实现的，它将十进制数 0～9 编为二-十进制代码（BCD 码）。

下面以 8421BCD 码（10 线-4 线）编码器为例，详细地说明编码的过程。10 线是指输入端的逻辑变量有 10 个，分别用 $A_0 \sim A_9$ 来表示；4 线是指编码器的输出代码是 4 位的 BCD 码，用 $Y_0 \sim Y_3$ 来表示（其中 Y_3 为最高位）。

根据 8421BCD 码的编码原理，首先列出此编码器的简化真值表，见表 7-6，然后由真值表写出输出逻辑表达式。

$$Y_3 = A_8 + A_9 = \overline{\overline{A_8} \cdot \overline{A_9}}$$

$$Y_2 = A_4 + A_5 + A_6 + A_7 = \overline{\overline{A_4} \cdot \overline{A_5} \cdot \overline{A_6} \cdot \overline{A_7}}$$

$$Y_1 = A_2 + A_3 + A_6 + A_7 = \overline{\overline{A_2} \cdot \overline{A_3} \cdot \overline{A_6} \cdot \overline{A_7}}$$

$$Y_0 = A_1 + A_3 + A_{5+} A_7 + A_9 = \overline{\overline{A_1} \cdot \overline{A_3} \cdot \overline{A_5} \cdot \overline{A_7} \cdot \overline{A_9}}$$

表 7-6　8421BCD 码简化真值表

十进制数	输入	输出			
		Y_3	Y_2	Y_1	Y_0
0	A_0	0	0	0	0
1	A_1	0	0	0	1
2	A_2	0	0	1	0
3	A_3	0	0	1	1
4	A_4	0	1	0	0
5	A_5	0	1	0	1
6	A_6	0	1	1	0
7	A_7	0	1	1	1
8	A_8	1	0	0	0
9	A_9	1	0	0	1

最后可以用与非门实现上面的逻辑表达式，电路如图 7-11 所示。图中输入变量为低电平时有效，即在任一时刻只有一个输入为 0，其余均为 1。如输入端 A_9 为低电平，其他输入端均为高电平时，有 $Y_3=1$、$Y_2=0$、$Y_1=0$、$Y_0=1$，即输出 $Y_3 Y_2 Y_1 Y_0=1001$，因而实现了将十进制数 9 转换为 BCD 码 1001。其余的类同。

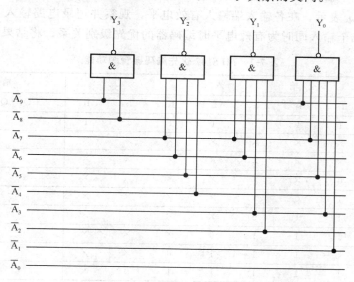

图 7-11　8421BCD 码编码器

该编码器存在一定的缺点，如当有两个或两个以上的输入同时有信号时，输出将出现混乱。在数字系统中，特别是在计算机系统中，常常要控制几个工作对象，因此，必须根据轻重缓急，给出这些控制对象的优先级别，识别并进行编码。将这种编码器称为优先编码器，常见的集成电路有 74LS147、74LS148、CC4532 等。

议一议

①编码器和译码器的区别是什么？

②什么是编码器？如有 8 根输入线，要对其编码，如何来设计电路？

练一练

练习   验证集成编码器 74LS147 的引脚功能

74LS147 是优先编码器，当输入端有两个或两个以上为低电平时，将对输入信号级别相对高的优先编码，其引脚排列如图 7-12 所示。

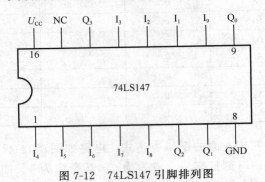

图 7-12   74LS147 引脚排列图

将编码器 9 个输入端 $I_1 \sim I_9$ 各接一根导线来改变输入端的状态，4 个输出端依次从高到低用 $Q_3 \sim Q_0$ 表示，在各输入端输入有效电平，观察并记录电路输入与输出的对应关系，以及当几个输入同时为有效电平时编码器的优先级别关系。将结果填入表 7-7。

表 7-7   74LS147 优先编码器管脚功能

输				入					输	出		
I_9	I_8	I_7	I_6	I_5	I_4	I_3	I_2	I_1	Q_3	Q_2	Q_1	Q_0
1	1	1	1	1	1	1	1	1				
0	×	×	×	×	×	×	×	×				
1	0	×	×	×	×	×	×	×				
1	1	0	×	×	×	×	×	×				
1	1	1	0	×	×	×	×	×				
1	1	1	1	0	×	×	×	×				
1	1	1	1	1	0	×	×	×				
1	1	1	1	1	1	0	×	×				
1	1	1	1	1	1	1	0	×				
1	1	1	1	1	1	1	1	0				

做一做

实验   制作三人表决器

1. **实训目的**

熟悉数字集成电路的应用，制作简易三人表决器。

2. 实训所需器材

实训所需器材见表 7-8。

表 7-8　实训所需器材

序号	名称	型号与规格	每组数量
1	集成电路 IC	74LS08	1 块
2	集成电路 IC	74LS10	1 块
3	发光二极管 L_1 绿、L_2 红		各一个
4	逻辑电平开关 S_1、S_2、S_3		3 个
5	电阻 R	1kΩ	1 个
6	电源	5V	1 个
7	万能实验板	2mm×70mm×100mm 2mm×150mm×200mm	1 套
8	电烙铁、焊锡	自定	1 套
9	万用表	自定	1 个

3. 组装与调试

74LS08 和 74LS10 管脚逻辑图如图 7-13 和图 7-14 所示。

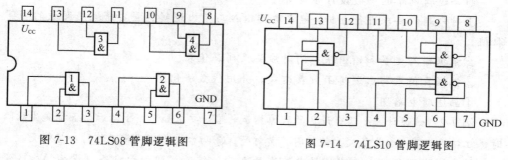

图 7-13　74LS08 管脚逻辑图　　　　　图 7-14　74LS10 管脚逻辑图

按照图 7-15 所示的简易三人表决器电路图，在万能实验板上组装电路并调试。

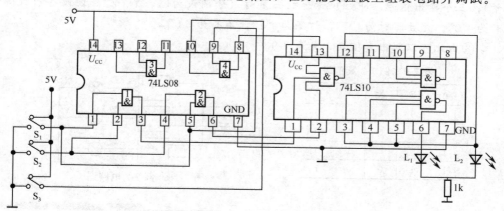

图 7-15　简易三人表决器电路图

绿灯 L_1 亮表示多数人同意，提案通过；红灯 L_2 表示多数人不同意，提案不通过。

评一评

任务检测与评估

	检测项目	评分标准	分值	学生自评	教师评估
任务知识内容	集成电路的认识	熟悉编码器的逻辑功能、逻辑符号	15		
	集成电路的分析	能够熟悉集成编码器的管脚用途及分析	15		
任务操作技能	集成编码器的逻辑功能测试	学会判别集成电路的型号及功能	30		
	电路的制作	学会正确组装调试三人表决器电路	30		
	安全操作	掌握工具和仪器的使用及放置，元器件的拆卸和安装	5		
	现场管理	出勤情况、现场纪律、团队协作精神	5		

知识拓展

*组合逻辑电路的设计方法

　　根据所要求的逻辑问题，设计出一个组合逻辑电路去满足提出的逻辑功能要求，这就是组合电路的设计。在设计过程中不仅要求电路逻辑功能要正确，同时还要尽可能节省元件，节约生产成本。组合逻辑电路的设计是组合逻辑电路分析的反过程。

　　组合逻辑电路的一般设计步骤如下。

　　①对命题的要求进行分析，确定电路输入与输出逻辑变量，并规定变量的逻辑取值。

　　②根据输入变量和输出状态间对应关系列真值表。

　　③根据真值表写出逻辑函数表达式，并用代数法化简。

　　④画逻辑电路图。

　　例7-2： 试设计一个两台设备的故障指示电路，要求如下：①两台设备都发生故障时，红灯亮；②一台设备发生故障时，黄灯亮；③两台设备都正常工作时，绿灯亮。

　　解： ①由题目可以看出，该电路有两个输入信号，即两台设备（设为A、B变量）；三个输出信号，即红、黄、绿三盏灯（分别设为X、Y、Z）。设设备有故障时为"0"，无故障时为"1"；灯亮为"1"，不亮为"0"。

　　②由此可以列出真值表，见表7-9。

表7-9　例7-2真值表

A	B	X	Y	Z
0	0	1	0	0
0	1	0	1	0
1	0	0	1	0
1	1	0	0	1

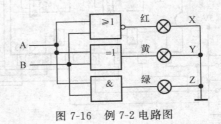

图7-16　例7-2电路图

③根据真值表写出函数表达式，即 $X=\overline{A}\,B$；$Y=\overline{A}B+A\,\overline{B}$；$Z=AB$。

为了节省元件，节约成本，尽可能地将函数表达式转换成复合逻辑运算的形式。由此可将上面 3 个表达式转换为：$X=\overline{A}B=\overline{A+B}$；$Y=\overline{A}B+A\,\overline{B}=A\oplus B$；$Z=AB$。

④根据上面的函数表达式可以画出图 7-16 所示的逻辑电路图。

项 目 小 结

①译码器是将含有特定意义的一组二进制代码，按其所代表的原意翻译成对应输出信号的逻辑电路。

②二-十进制译码器是将二进制数"翻译"为十进制数的一种电路。

③所谓编码，就是按照一定规则（或约定）用二进制数码来表示特定对象的过程。

④优先编码器是按照输入的优先级别进行优先编码的一种电路。

⑤组合逻辑电路的分析是为了解电路的逻辑功能，组合逻辑电路的设计是为了开发出电路来完成人们的需要。

经过译码器、编码器的逻辑功能测试以及对三人表决器的组装、调试，使学生能更好地掌握组合集成逻辑电路的运用，培养学生在数字电路方面的兴趣和爱好，并为以后的应用打下深厚的基础。

实 训 与 考 核

1. 选择题

①能将输入信息转变为二进制代码的电路称为 _____。

A. 编码器 　　　 B. 译码器 　　　 C. 数据选择器 　　　 D. 数据分配器

②优先编码器同时有两个输入信号时，是按 _____ 的输入信号编码的。

A. 高电平 　　　 B. 低电平 　　　 C. 高优先级 　　　 D. 高频率

③3 线-8 线译码器有 _____。

A. 8 条输入线，3 条输出线 　　　 B. 3 条输入线，8 条输出线

C. 4 条输入线，2 条输出线 　　　 D. 8 条输入线，2 条输出线

④半导体数码管是由 _____ 排列成显示数字。

A. 液态晶体 　　　 B. 小灯泡 　　　 C. 发光二极管 　　　 D. 半导体器件

2. 简答题

①什么是编码器？

②什么是译码器？

③已知某组合逻辑电路的输入 A、B、C 与输出 Y 的波形如图 7-17 所示。试写出输出逻辑表达式，并画出逻辑电路图。

3. 设计题。由用户设定 4 位开锁密码（如 ABCD＝0101），S 为开锁的控制端（钥匙插入 S 闭合），输出 F_1 为开锁信号，F_2 为报警信号。当开锁者输入开锁密码正确且已

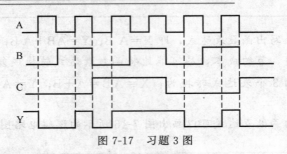

图 7-17　习题 3 图

经插入钥匙（即 S＝1）时，F_1＝1，F_2＝0；当密码不正确或者钥匙未插入（即 S＝0）时，F_1＝0，F_2＝1，则电路报警，锁打不开。试自行设计，用最少的非门来实现。（图 7-18 是设定密码 ABCD＝1001 时的参考电路）

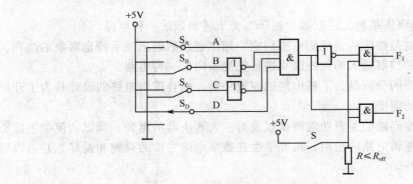

图 7-18　ABCD＝1001 的密码锁电路

项目八

制作四人抢答器

本项目主要介绍双稳态触发器的基本知识、基本逻辑集成电路和利用双稳态触发器构成的时序逻辑电路，以及时序逻辑电路的分析应用方法。通过组装四人抢答器电路，使学生掌握时序电路的制作方法，理解时序电路的基本知识。

1. 掌握时序逻辑电路分析的基本知识
2. 掌握 RS、JK、D 触发器的逻辑功能
3. 了解计数器、锁存器、寄存器等电路的分析方法

1. 正确识别集成时序电路的管脚
2. 熟练分析触发器的逻辑功能
3. 正确制作四人抢答器电路

任 务 一 测试集成 JK 触发器的功能

任务教学方式

教学步骤	时间安排	教学方式（供参考）
阅读教材	课余	自学、查资料、相互讨论
知识讲解	2课时	在课程学习中，应结合多媒体仿真演示触发器的工作过程，使学生对触发器性能有一个形象的认识
任务操作	4课时	在实训中，学生应该边学边练，同时教师应该在实训中有针对性地向学生提出问题，引发思考
评估检测		教师与学生共同完成任务的检测与评估，并能对问题进行分析与处理

任务分析

触发器是能够存储一位二进制信息的最小单元。在计算机和数字电路中，是存储电路的主要组成部分。本任务通过对 RS、JK、D 触发器的学习，学生应该掌握时序电路的分析方法和运用技能。

读一读

知识1 RS 触发器的组成

触发器是能够存储一位二进制数码的电路，由逻辑门电路通过一定的方式组合而成的。它有 1 或 0 两个自行保持的稳定状态，故称为双稳态触发器，简称触发器。

当有不同的信号输入时，可以置为 1 或 0 的状态；当输入信号消失后，新状态能够保持下来。触发器按电路结构的不同，可以划分为基本触发器、同步触发器、边沿控制触发器；按照逻辑功能的不同，可以划分为 RS 触发器、JK 触发器、D 触发器、T 触发器等类型。

1. 基本 RS 触发器电路组成、符号及工作原理

基本 RS 触发器的逻辑电路图和符号如图 8-1 所示。它由两个与非门交叉耦合组成。$\overline{R}$、$\overline{S}$ 为两个输入端，Q、$\overline{Q}$ 为两个输出端。符号中输入端小圆圈表示该触发器在低电平时触发。

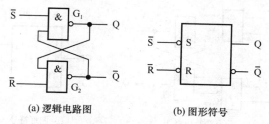

(a) 逻辑电路图   (b) 图形符号

图 8-1 基本 RS 触发器

根据与非门的逻辑关系，触发器输出逻辑表达式为

$$\begin{cases} Q = \overline{\overline{S}\,\overline{Q}} \\ \overline{Q} = \overline{\overline{R}Q} \end{cases}$$

现在分几种情况来分析触发器输出与输入的逻辑关系。

①$\overline{R}=1$、$\overline{S}=0$ 时，设触发器的初始状态为 0 态（即 $Q=0$，$\overline{Q}=1$），当 $\overline{R}$ 端保持高电平（1 状态），而 $\overline{S}$ 端加上低电平时，Q 由 0 变 1，Q 又反馈到 G_2 门的输入端使得 $\overline{Q}$ 为 0，故触发器的状态由 0 变为 1。此后，即使 $\overline{S}$ 端的低电平消失，触发器仍然保持在 1 状态。这是因为与非门只要有一个输入端为 0，与非门就被封锁，输出就为 1，而这时，G_1 门的一个输入恰好为 0。通常把这种在 $\overline{S}$ 端加入负脉冲后，使触发器由 0 态变为 1 态的过程称为触发器置 1，$\overline{S}$ 端称为置 1 端。

②$\overline{R}=0$、$\overline{S}=1$ 时，当 $\overline{S}$ 端保持高电平，而 $\overline{R}$ 端加一负脉冲（低电平）时，其工作过程与前述触发器置 1 过程相反，触发器为 0 状态。通常把在 $\overline{R}$ 端加入负脉冲使触发器状态由 1 态变为 0 态的过程称为使触发器置 0，$\overline{R}$ 端称为置 0 端。显然，只有当触发器原状态为 1 态时，在 $\overline{R}$ 端加负脉冲，触发器状态才发生翻转，使其由 1 态变为 0 态。若原状态已为 0 时，在 $\overline{R}$ 端加入负脉冲，触发器仍保持 0 状态，即不发生状态翻转。

表 8-1 基本 RS 触发器真值表

$\overline{R}$	$\overline{S}$	Q^n	Q^{n+1}
1	1	1 0	1 0 } 状态不变
0	1	0 1	0 0 } 置 0
1	0	0 1	1 1 } 置 1
0	0	0 1	× × } 不定

③$\overline{R}=\overline{S}=1$ 时，不难分析出触发器仍保持原来的状态不变。

④$\overline{R}=\overline{S}=0$ 时，与非门被封锁，迫使 $Q=\overline{Q}=1$，破坏了触发器的逻辑关系，但应避免这种情况出现。因为一旦输入端的负脉冲同时撤除以后，触发器的状态是不确定的。

上述 4 种逻辑关系可用真值表 8-1 来表示。表中 Q^n 为输入信号作用前触发器原来的状态，Q^{n+1} 表示在 $\overline{R}$、$\overline{S}$ 输入信号作用下，触发器的新状态。

2. 同步 RS 触发器的电路结构、图形符号和工作原理

同步 RS 触发器逻辑电路和图形符号如图 8-2 所示，它是由时钟脉冲信号 CP 控制的 RS 触发器，称为同步 RS 触发器。G_1 和 G_2 组成基本 RS 触发器，G_3 和 G_4 组成控制电路。

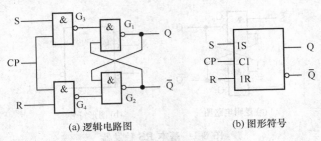

(a) 逻辑电路图　　　　　　　(b) 图形符号

图 8-2　同步 RS 触发器

逻辑功能分析如下。

①CP＝0 时，即时钟脉冲到来之前，G_3 和 G_4 被封锁。此时即使 R 和 S 端有输入信号也不起作用，触发器保持原来状态不变。

②CP＝1 时，即时钟脉冲到达时刻，G_3 和 G_4 被打开，R 和 S 端输入信号通过 G_3 和 G_4 作用到基本 RS 触发器的输入端，使触发器动作。可以分析出当 RS＝01 时，触发器输出置 1；当 RS＝10 时，触发器输出置 0；当 RS＝00 时，触发器输出维持原态不变；当 RS＝11 时，触发器输出状态不确定，应避免该情况的出现。由此可得到表 8-2，即同步 RS 触发器真值表。

表 8-2　同步 RS 触发器真值表

CP	S	R	Q^{n+1}	说明
0	×	×	Q^n	维持原态不变
1	0	0	Q^n	维持原态不变
1	0	1	0	置 0
1	1	0	1	置 1
1	1	1	×	不定

表中 Q^n 为 CP 作用前触发器原来的状态，Q^{n+1} 为 CP 作用后触发器的新状态。在 CP＝1 时，其输出函数方程可表示为

$$Q_n = S_n + \overline{R_n} Q^n$$
$$R_n S_n = 0 \text{（约束条件）}$$

知识 2　JK 触发器的组成

同步 RS 触发器在 CP＝1 期间，如果输入信号多次发生变化，触发器的状态也会发生多次翻转（这种触发器工作方式称为电平触发方式），这种现象称为空翻。空翻现象使得电路的抗干扰能力下降，并会破坏整个电路系统中每个触发器的工作节拍。要避免这种现象的发生，就必须保证输入信号在 CP 规定的逻辑电平期间稳定不变，因而需要对电路进行改进，在同步 RS 触发器的基础上设计出主从触发器，它可以避免这样的空翻现象。主从 JK 触发器就是其中的一种。

1. 主从 JK 触发器的结构

主从 JK 触发器的逻辑电路和图形符号如图 8-3 所示，图中 CP 是下降沿触发有效。

它由两个同步 RS 触发器和一个非门构成，其中两个同步 RS 触发器中一个称为"主触发器"，另一个称为"从触发器"；非门使得加到这两个触发器的时钟信号反相。输入信号 J、K 位于主触发器的输入端，输出信号 Q、$\overline{Q}$ 由从触发器输出，并将 Q、$\overline{Q}$ 端的状态作为一对附加的控制信号接回到主触发器的输入端。

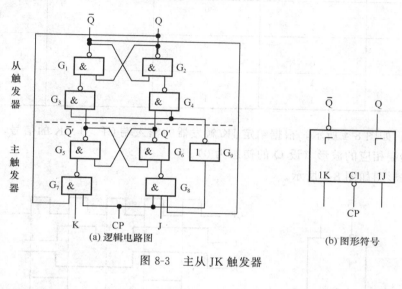

图 8-3　主从 JK 触发器

2. 主从 JK 触发器的工作原理

主从 JK 触发器的工作过程如下。

①J＝1、K＝0 时，设触发器初始状态 Q＝1、$\overline{Q}$＝0，G_7、G_8 两门均因为有 0 输入而被封锁。由基本 RS 触发器的逻辑功能可知，主触发器的状态在 CP 到来后保持原来状态不变。若触发器的初始状态为 Q＝0、$\overline{Q}$＝1，则在 CP＝1 时，G_8 门打开，G_7 门被封锁，主触发器被置 1；而在 CP＝1 时，经 G_9 门倒相，使 G_3、G_4 两门均有 0 输入而被封锁，直到 CP 下降沿到来后，G_3、G_4 两门才被打开，从触发器取得与主触发器一致的状态，被置 1。由此可见，无论触发器原来的状态如何，当 J＝1、K＝0 时，CP 信号到来后，触发器置 1。

②J＝0、K＝1 时，设触发器初始状态为 Q＝0、$\overline{Q}$＝1，G_7、G_8 两门均被封锁，主触发器的状态在 CP 到来后保持原来的状态不变。若触发器初始状态为 Q＝1、$\overline{Q}$＝0，则在 CP＝1 时，G_7 门打开，主触发器被置 0，从触发器在 CP＝1 期间被封锁，直到 CP 下降沿到来后，从触发器随之被置 0。由此可见，无论触发器原来状态如何，当 J＝0、K＝1 时，CP 信号到来后，触发器置 0。

③J＝K＝0 时，CP 脉冲不能使触发器翻转，因而主从触发器的状态均保持不变。

④J＝K＝1 时，如果 Q^n＝0，CP＝1 时，主触发器置 1；CP＝0 后，从触发器也随之置 1，即输出的状态与原态相反。如果 Q^n＝1，CP＝1 时，主触发器置 0；CP＝0 后，从触发器也随之置 0，输出的状态仍然与原态相反。

综上所述，可以列出 JK 触发器的状态转换真值表，见表 8-3。

表 8-3   主从 JK 触发器的真值表

J	K	Q^n	Q^{n+1}	说明
0	0	0	0	保持
0	0	1	1	
0	1	0	0	置0
0	1	1	0	
1	0	0	1	置1
1	0	1	1	
1	1	0	1	相反
1	1	1	0	

例 8-1：如图 8-4 所示，根据给定 JK 触发器的输入端 CP、J、K 的信号，试画出输出端 Q 和 $\overline{Q}$ 端相应的波形（设 Q 的初态为 0）。

解：波形图如图 8-5 所示。

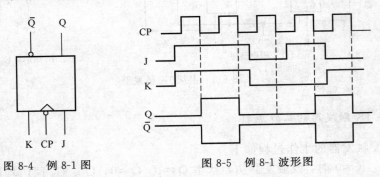

图 8-4   例 8-1 图   图 8-5   例 8-1 波形图

JK 触发器除了有主从触发器外，还有边沿触发器，二者工作原理基本相同，仅仅在触发时刻上有所不同。集成 JK 触发器 74LS112、CC4027 为边沿触发器，管脚逻辑功能图如图 8-6 和图 8-7 所示；74LS72 为主从 JK 触发器，管脚逻辑功能和引脚分布如图 8-8 所示。

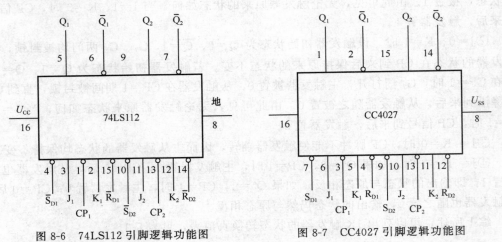

图 8-6   74LS112 引脚逻辑功能图   图 8-7   CC4027 引脚逻辑功能图

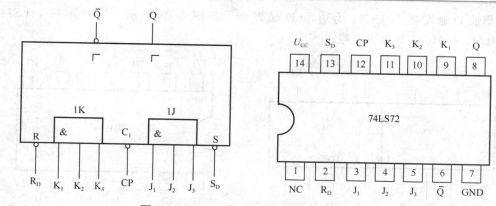

图 8-8 74LS72 管脚逻辑功能和引脚分布图

知识 3 D 触发器的组成

1. 电路组成

在 JK 触发器的 K 端接一个非门，再接到 J 端，引出一个控制端 D，就组成了一个 D 型触发器，如图 8-9 所示。

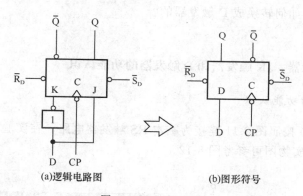

图 8-9 D 型触发器

2. 逻辑功能

①当 D＝1 时，相当于 J＝1、K＝0 的条件，此时，不管触发器原来的状态如何，CP 脉冲到来后，触发器总是置 1。

②当 D＝0 时，对应于 J＝0、K＝1 的条件。此时，不管触发器原来的状态如何，CP 脉冲到来后，触发器总是置 0。

D 触发器的逻辑功能真值表见表 8-4。

表 8-4 D 触发器逻辑功能真值表

D	Q^{n+1}	说明
0	0	输出状态总与输入状态相同
1	1	输出状态总与输入状态相反

集成 D 触发器 74HC74 为边沿 D 触发器，如图 8-10 所示。另外还有 74LS74、74LS174、CD4013 等集成电路。

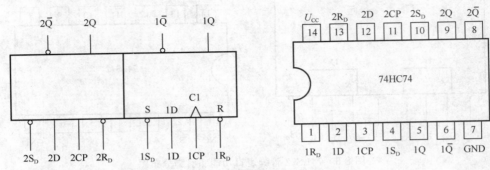

图 8-10　74HC74 管脚功能和引脚分布图

议一议

①同步触发器与基本触发器相比有哪些优点？
②主从触发器的电路构成有哪些特点？
③JK 触发器的逻辑功能是什么？
④JK 触发器是如何转换成 D 触发器的？

练一练

练习　RS 触发器、JK 触发器和 D 触发器的功能认识

1. RS 触发器的功能认识

用一片 74LS00 按照图 8-11 连接为基本 RS 触发器电路，在实验台上验证触发器逻辑功能。功能验证实物图可参考图 8-12。

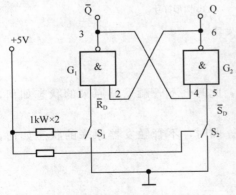

图 8-11　基本 RS 触发器电路

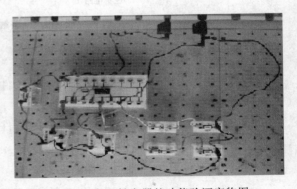

图 8-12　RS 触发器的功能验证实物图

2. JK 触发器的引脚认识

集成边沿 JK 触发器 74LS73 和主从 JK 触发器 74LS72 的引脚如图 8-13 和图 8-14 所示。

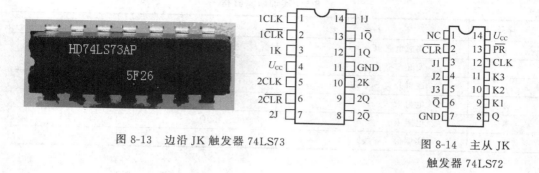

图 8-13　边沿 JK 触发器 74LS73

图 8-14　主从 JK
触发器 74LS72

3. D 触发器的引脚认识

集成双 D 触发器 CD4013 和 74LS74 的引脚如图 8-15 和图 8-16 所示。

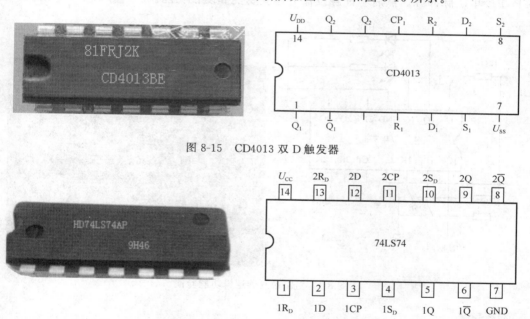

图 8-15　CD4013 双 D 触发器

图 8-16　74LS74 双 D 触发器

做一做

实验　测试集成 JK74LS73 触发器的功能

1. 实训目的

通过本实训来验证集成 JK 触发器的逻辑功能，进一步掌握触发器的工作特点。

2. 实训所需器材

实训所需器材见表 8-5。

表 8-5 实训所需器材

序号	名称	型号规格	数量
1	集成电路 IC	74LS73	1 块
2	发光二极管 L_1、L_2		2 个
3	逻辑开关 S_1、S_2、S_3		3 个
4	电阻 R	1kΩ	3 只
5	电阻 R	100Ω	2 只
6	实训台（导线）		

3. 组装调试

按照图 8-17 连接电路，任选其中一个 JK 触发器，$\overline{R}_D$、J、K 端接逻辑电平开关，CP 端接单次脉冲源。然后验证触发器的逻辑功能和复位功能。

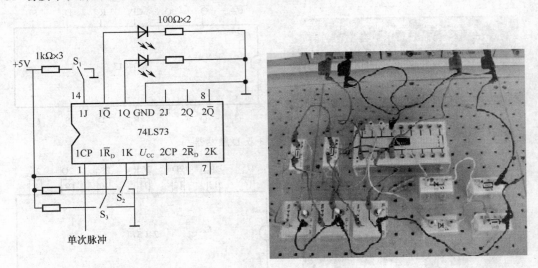

图 8-17 JK 触发器逻辑功能验证

评一评

任务检测与评估

检测项目		评分标准	分值	学生自评	教师评估
任务知识内容	触发器的认识	熟悉触发器的逻辑功能、逻辑符号	15		
	触发器的分析	能够熟悉集成触发器的管脚用途及分析	15		
任务操作技能	集成触发器的逻辑功能测试	学会判别集成触发器的管脚及功能	30		
	电路的制作	学会正确连接电路，验证触发器的逻辑功能	30		
	安全操作	掌握工具和仪器的使用及放置，元器件的拆卸和安装	5		
	现场管理	出勤情况、现场纪律、团队协作精神	5		

知识拓展

触发器的转换

1. T 触发器及其逻辑功能

T 触发器的逻辑符号如图 8-18 所示。其中 T 为信号输入端，CP 为时钟脉冲输入端，Q、$\overline{Q}$ 为输出端，S_D 为直接置 1 端，R_D 为直接置 0 端。

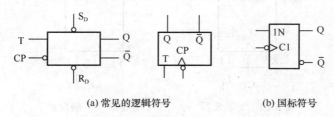

(a) 常见的逻辑符号　　　　　(b) 国标符号

图 8-18　T 触发器逻辑符号

当 T＝1 时，CP 脉冲下降沿到达后触发器发生翻转；当 T＝0 时，在 CP 脉冲作用后，触发器仍保持原状态不变。

根据上述逻辑关系，可列出 T 触发器功能表，见表 8-6。

表 8-6　T 触发器功能表

T_n	Q^n	Q^{n+1}	说明
0	0	0	$Q^{n+1}=Q^n$
0	1	1	维持原态
1	0	1	$Q^{n+1}=\overline{Q^n}$
1	1	0	计数翻转

如果 T＝1，则 T 触发器就处于计数状态。每来一个 CP 脉冲，触发器状态就翻转一次，这种 T 触发器称为计数触发器。其特性方程为：$Q^{n+1}=\overline{Q^n}$。

2. 触发器的转换

(1) JK 触发器转换为 D 触发器

D 触发器可以由 JK 触发器转换得来，图 8-19 所示即为 D 触发器。

在 CP 下降沿到来，当 D＝0 时，触发器输出 $Q^{n+1}=0$，即置 0；当 D＝1 时，触发器输出 $Q^{n+1}=1$，即置 1。另外，也有上升沿触发的 D 触发器。

(2) JK 触发器转换为 T 触发器

将 JK 触发器的 J 和 K 输入端连在一起就可以构成 T 触发器，如图 8-20 所示。逻辑功能见表 8-6。

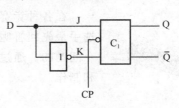

图 8-19　D 触发器

（3）T 触发器转换为 T′触发器

　　将 T 触发器的输入端置"1"即可转换为 T′触发器。即相当于输入高电平，这样来一个脉冲，触发器就翻转一次，触发器一直处于翻转计数状态，如图 8-21 所示。

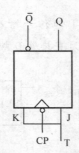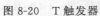　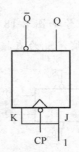

　　　　图 8-20　T 触发器　　　　　　图 8-21　T′触发器

任务二　制作四人抢答器

教学步骤	时间安排	教学方式（供参考）
阅读教材	课余	自学、查资料、相互讨论
知识讲解	4 课时	在课程学习中，应结合多媒体仿真演示计数器和锁存器的工作过程，使学生对计数器和锁存器性能有一个形象的认识
任务操作	4 课时	在实训中，学生应该边学边练，同时教师应该在实训中有针对性地向学生提出问题，引发思考
评估检测		教师与学生共同完成任务的检测与评估，并能对问题进行分析与处理

　　在各种竞赛当中，常常会出现选手之间的抢答，如何来确定哪位选手最先回答呢？在电路中又是如何来实现呢？本任务就是来解决这个问题的。通过本任务的学习，使学生们可掌握时序逻辑电路的应用和制作。

读一读

知识 1　计数器

具有计数功能的电路称为计数器，计数器是数字电路中最常用的时序逻辑部件之一。

计数器的种类有很多，按进位制的不同，可分为二进制计数器和十进制计数器；按运算功能的不同，可分为加法计数器、减法计数器和可逆计数器；按计数过程中各触发器的翻转次序不同，可分为同步计数器和异步计数器等。触发器是组成计数器的基本单元。

在实际使用中，计数器已经广泛采用集成电路，无需再用分散的 JK 触发器来连接。下面以集成计数器 74LS161 为例加以说明。

74LS161 是集成 TTL 的 4 位二进制同步计数器，其外部引脚分布图和逻辑结构如图 8-22 所示，74LS161 的功能表见表 8-7。

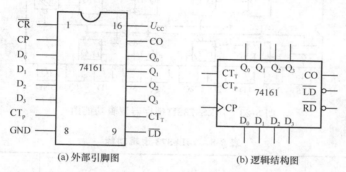

(a) 外部引脚图　　　　　　　(b) 逻辑结构图

图 8-22　集成 4 位二进同步计数器 74LS161

表 8-7　74LS161 功能表

输入									输出			
$\overline{RD}$	$\overline{LD}$	CT_T	CT_P	CP	D_3	D_2	D_1	D_0	Q_3	Q_2	Q_1	Q_0
L	×	×	×	×	×	×	×	×	L	L	L	L
H	L	×	×	↑	D_3	D_2	D_1	D_0	D_3	D_2	D_1	D_0
H	H	L	×	×	×	×	×	×	保持			
H	H	×	L	×	×	×	×	×	保持			
H	H	H	H	↑	×	×	×	×	计数			

由表 8-7 可以知道：74LS161 在 $\overline{RD}$ 为低电平时实现异步复位功能。

在 $\overline{RD}$ 端为高电平条件下，预置端 $\overline{LD}$ 为低电平时，实现同步预置功能；当 CP 脉冲上升沿到来时（有效时钟信号），使得输出状态 $Q_3Q_2Q_1Q_0 = D_3D_2D_1D_0$。

在复位端和预置端均为无效电平（$\overline{RD} = \overline{LD} = 1$）、两个计数使能端（$CT_T$、$CT_P$）中至少有一个输入禁止信号（$CT_T = 0$ 或 $CT_P = 0$）时，集成计数器实现状态保持功能，$Q_3^{n+1}Q_2^{n+1}Q_1^{n+1}Q_0^{n+1} = Q_3^nQ_2^nQ_1^nQ_0^n$。在 $Q_3^nQ_2^nQ_1^nQ_0^n = 1111$ 时，进位输出端 CO = 1。

在复位和预置端都为无效电平（$\overline{RD} = 1$、$\overline{LD} = 1$）、两计数使能端（CT_T、CT_P）为有效电平（$CT_T = CT_P = 1$）时，集成计数器 74161 实现模 16 加法计数功能，即 $Q_3^{n+1}Q_2^{n+1}Q_1^{n+1}Q_0^{n+1} = Q_3^nQ_2^nQ_1^nQ_0^n + 1$。

知识 2 锁存器

锁存器是一种对脉冲电平触发的存储单元电路，它们可以在特定输入脉冲电平作用下改变状态。把由若干个钟控触发器构成的能存储二进制代码的时序逻辑电路叫锁存器。常见的 8 位锁存器 74LS373 的逻辑图如图 8-23 所示，它是一种带输出三态门的 8D 锁存器。其中使能端 S 加入 CP 信号，1D～8D 为数据信号，1Q～8Q 为输出。输出控制信号（管脚 1）为 0 时，锁存器的数据通过三态门进行输出；输出控制信号（管脚 1）为 1 时，锁存器的输出呈高阻态。逻辑功能见表 8-8。

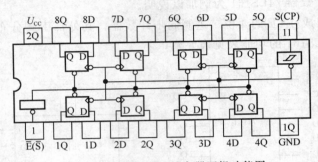

图 8-23   74LS373 8D 锁存器逻辑功能图

表 8-8   74LS373 逻辑功能

$\overline{E}$	S	D	Q
0	1	1	1
0	1	0	0
0	0	×	Q^n
1	×	×	高阻

议一议

①锁存器和寄存器的区别是什么？
②74LS161 的逻辑功能是什么？
③74LS373 的逻辑功能是什么？

练一练

练习   计数器 74LS160 逻辑功能验证

十进制同步计数器 74LS160 是一种通用型中规模集成芯片，时钟信号上升沿有效，异步清除，同步置数。设有 4 个数据输入端，计数结果以 BCD 码从 Q_3、Q_2、Q_1、Q_0 输出，CO 为进位信号输出端，$\overline{LD}$ 为同步预置端，CP 为时钟输入端。图 8-24 所示为其引脚图，其逻辑功能表见表 8-9。其中，$\overline{CR}$ 为清零端。当 $\overline{CR}=0$ 时，计数器实现清零。CT_T、CT_P 为计数控制端，全为高电平时为计数状态。若其中有一个是低电平，计数器处于保持数据的状态。$D_0 \sim D_3$ 为置数输入端。

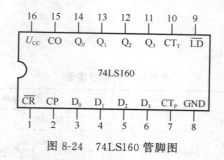

图 8-24 74LS160 管脚图

表 8-9 74LS160 逻辑功能

输 入									输 出					说 明
$\overline{CR}$	$\overline{LD}$	CT_P	CT_T	CP	D_3	D_2	D_1	D_0	Q_3	Q_2	Q_1	Q_0	CO	
0	×	×	×	×	×	×	×	×	0	0	0	0	0	异步置 0
1	0	×	×	↑										
1	1	1	1	↑	×	×	×	×		计 数				
1	1	0	×	×	×	×	×	×		保 持				
1	1	×	0	×	×	×	×	×		保 持			0	

①手动脉冲动态测试法。在 CP 端输入手动脉冲，Q_3、Q_2、Q_1、Q_0 端依次为 74LS48 的输入端，如图 8-25 所示。在脉冲作用下，七段 LED 应按十进制数显示。

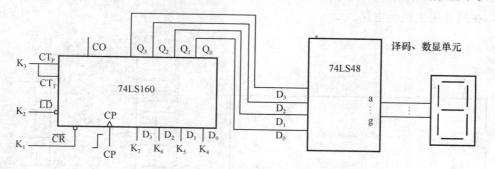

图 8-25 74LS160 功能验证电路图

②动态波形测试法。在 CP 端输入手动脉冲动态测试法的基础上，将 74LS160 时钟脉冲端接 250kHz 脉冲时，观测 Q_3、Q_2、Q_1、Q_0 端波形。

做一做

实验 制作四人抢答器

1. 实训目的

熟悉制作时序逻辑电路的方法和技巧，了解抢答器的电路功能。

2. 实训所需器材

实训所需器材见表 8-10。

表 8-10　实训所需器材

序号	名称	型号规格	数量
1	集成电路 IC	74LS48	1 块
2	集成电路 IC	74LS147	1 块
3	集成电路 IC	74LS279	1 块
4	发光二极管 L		1 个
5	电平开关 S_0、S_1、S_2、S_3		4 个
6	单刀多掷开关 S		1 个
7	电阻 R	$10k\Omega$	5 只
8	共阴极数码管 LED		1 个
9	网孔板		1 块

3. 组装与调试

本制作利用 74LS48、74LS148（8-3 线优先编码器）（图 8-26）和 74LS279（四基本 RS 触发器）（如图 8-27 所示）。制作过程中参照图 8-28 所示的四人抢答器电路原理图，在网孔板上组装电路。

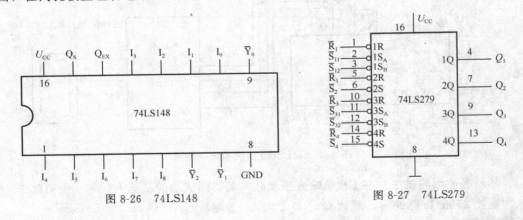

图 8-26　74LS148　　　　　　　图 8-27　74LS279

当 $S_总$ 掷向 2 时，抢答开始，如 $S_0 \sim S_3$ 有人抢答，经 74LS148 进行编码，经 RS 触发器输入端进行置 "0" 或 "1"，由 74LS48 驱动数码管显示 4 个选手的抢答号。一轮结束后，将 $S_总$ 掷向 1 清 0，准备第二轮抢答。如此重复上述过程。

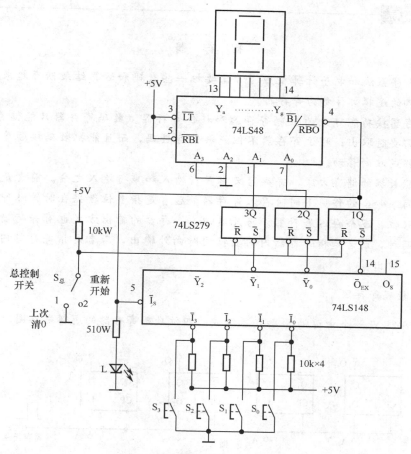

图 8-28 四人抢答器电路图

评一评

任务检测与评估

	检测项目	评分标准	分值	学生自评	教师评估
任务知识内容	计数器的认识	熟悉计数器的逻辑功能、逻辑符号	15		
	锁存器的分析	熟悉锁存器的逻辑功能	15		
任务操作技能	集成计数器的逻辑功能测试	学会识别集成计数器的管脚及功能	30		
	电路的制作	学会正确连接电路，制作四人抢答器电路	30		
	安全操作	掌握工具和仪器的使用及放置，元器件的拆卸和安装	5		
	现场管理	出勤情况、现场纪律、团队协作精神	5		

知识拓展

寄 存 器

在数字系统和电子计算机中，常需要把一些数码和运算结果储存起来，这种储存数码的逻辑部件称为寄存器。

寄存器按功能可分为数码寄存器和移位寄存器。数码寄存器只能储存数码，以便在需要时取出；移位寄存器不但能够储存数码，而且能把数码按顺序依次左移、右移或双向移动。

按照数据的储存方式，寄存器又有并行输入和串行输入之分。前者是指多位数据在写入命令的作用下同时存入寄存器，后者是指多位数据在时钟脉冲的作用下依次移位，逐个存入寄存器。与此类似，寄存器的输出方式也有并行输出和串行输出两种，前者是指寄存器内的数据同时向外输出，后者是指寄存器内的数据依次逐个输出。

1. 数码寄存器

图 8-29 是一个由边沿 D 触发器组成的四位数码寄存器的逻辑电路图。

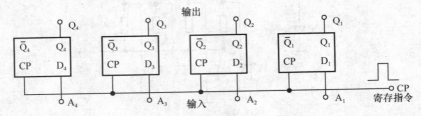

图 8-29　D 触发器组成的四位数码寄存器逻辑电路图

数码 A_4、A_3、A_2、A_1 已被送到相应触发器的 D 端。当寄存指令 CP（正脉冲）来到后，数码送入触发器。4 个触发器输出端 Q_4、Q_3、Q_2、Q_1 的电平分别等于输入端 D_4、D_3、D_2、D_1 的电平，这时数码 $A_4A_3A_2A_1$ 就被寄存起来。只要没有新的寄存指令，触发器的状态就不会改变。换言之，数码 $A_4A_3A_2A_1$ 在寄存器中一直保持到下一个寄存指令到达时为止。

显然，图 8-29 所示的寄存器采用了并行输入-并行输出的方式。

2. 移位寄存器

图 8-30 所示为 4 个边沿 D 触发器构成的既可串行输入也可并行输入，既可串行输出也可并行输出的四位左移寄存器。图中 D 触发器的 R_D 端作为清零端，S_D 端作为并行输入端，D_i 端作为串行输入端，Q_4、Q_3、Q_2、Q_1 为存入的数据，Q_4 又作串行输出端。

图 8-30 中的移位寄存器的功能分析如下。

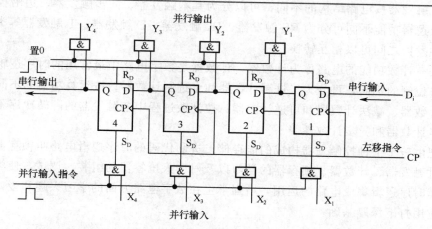

图 8-30　由 D 触发器构成的四位串/并输入、串/并输出移位寄存器

（1）输入方式

①当输入为并行输入方式时，在并行输入前，首先由清零脉冲作用在 R_D 上，使各触发器清零，即 $Q_4Q_3Q_2Q_1=0000$。设并行输入信号 $X_4X_3X_2X_1=1011$，在并行输入命令高电平（写命令）的作用下，图下方的 4 个与门被打开，数据被送到 S_D 端，使 $Q_4Q_3Q_2Q_1=1011$，完成数据的并行输入。

②当输入为串行输入方式时，开始时设 $Q_4Q_3Q_2Q_1=0000$，串行输入信号仍设为 1011，第一个 CP 上升沿到来后，数据的高位"1"被送到 Q_1；第二个 CP 上升沿到来后，Q_1 的"1"被送入 Q_2，同时次高位"0"送到 Q_1。每来一个 CP，数据依次向寄存器存入一位，同时，寄存器内的数据也左移一位。4 个 CP 之后，数据输送完毕，$Q_4Q_3Q_2Q_1=1011$，完成数据的串行输入。由此可以看出，每当一个 CP 到来后，Q_3、Q_2、Q_1 的数码分别送至 Q_4、Q_3、Q_2，亦即低位数码依次向高位移动一位，从而实现左移功能。

（2）输出方式

①当输出为并行输出方式时，数据存入寄存器后，在读命令的作用下，图 8-30 上方的 4 个门电路 $Y_4 \sim Y_1$ 被打开，此时，$Y_4Y_3Y_2Y_1=Q_4Q_3Q_2Q_1$。寄存器内的数据被同时读出。

②当输出为串行输出方式时，Q_4 为串行输出端，数据存入寄存器后，Q_4 是最高位数码。第一个 CP 来到后，整个数据左移一位，次高位数码送至 Q_4，最高位数码被取出。依此类推，整个数据依次逐个在 Q_4 串行输出。该移位寄存器仅具有左移功能，此外还有右移寄存器以及既可左移又可右移的双向寄存器。

项 目 小 结

①触发器是能够存储一位二进制数码的电路，是由逻辑门电路通过一定的方式组合

而成的。触发器按电路结构的不同，可以分为基本触发器、同步触发器、边沿控制触发器；按照逻辑功能不同可分为 RS 触发器、JK 触发器、D 触发器、T 触发器等类型。

②触发器之间可以相互转换。

③具有计数功能的电路称为计数器，计数器是数字电路中最常用的时序逻辑部件之一。按进位制的不同，可分为二进制计数器和十进制计数器；按运算功能的不同，可分为加法计数器、减法计数器和可逆计数器；按计数过程中各触发器的翻转次序不同，可分为同步计数器和异步计数器等。

④把由若干个钟控触发器构成的能存储二进制代码的时序逻辑电路叫锁存器。

通过触发器、计数器、锁存器的学习以及对四人抢答器的组装、调试，使学生能更好地掌握时序逻辑集成电路的运用，增强学生在数字电路方面的学习兴趣和爱好，并为以后的应用打下深厚基础。

实训与考核

1. 填空题

①触发器具备_____种稳定状态，即_____状态和_____状态。

②根据逻辑功能不同，可将触发器分为_____、_____、_____。

③通常规定触发器 Q 端状态为触发器状态，如 $Q=0$ 与 $\overline{Q}=1$ 时称为触发器_____态；$Q=1$ 与 $\overline{Q}=0$ 时称触发器_____态。

④基本 RS 触发器中 R 端、S 端为_____电平触发。R 端触发时，触发器状态为_____态，因此 R 端称为_____端；S 端触发时，触发器状态为_____态，因此 S 端称为_____端。

⑤同步型触发器只有在_____端出现时钟脉冲时，触发器才动作，而触发器状态仍由其_____端信号决定。

2. 简答题

①什么是时序逻辑电路？

②试说明时序逻辑电路和组合逻辑电路之间的区别以及各自的特点。

③常见的触发器有哪几种？试写出它们的逻辑符号及状态表。指出主从 J-K 触发器和 D 触发器的不同之处。

3. 分析题

4 个 D 触发器接线如图 8-31 所示，设初态 $Q_3Q_2Q_1Q_0=1111$，在时钟脉冲 CP 作用下，分析电路的工作状态。列出真值表，画出 Q 端波形，对其逻辑功能作出结论。

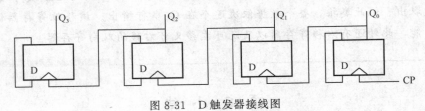

图 8-31　D 触发器接线图

项目九

制作触摸式照明灯延迟开关电路

触摸式照明灯延迟开关电路是专为照明灯设计的，用它可以改造采用白炽灯泡的普通家用台灯和走廊灯，增加延迟熄灭功能，达到节电的目的但又不影响原有的功能。通过本项目的训练，掌握单稳态触发器的制作，了解它的用途。

知识目标

1. 掌握 555 定时器在单稳态触发电路中的应用
2. 了解 555 定时器的几种工作模式

技能目标

1. 正确使用 555 定时器制作单稳态触发器
2. 根据延时需要计算出所需的器件参数值

任务一　制作单稳态触发器

教学步骤	时间安排	教学方式（供参考）
阅读教材	课余	自学、查资料、相互讨论
知识讲解	4 课时	在课程学习中，应结合多媒体课件演示触发过程，对单稳态触发原理有一个形象的认识
任务操作	4 课时	在制作单稳态触发电路实训内容中，学生应该边学边练，同时教师应该在实训中有针对性地向学生提出问题，引发思考
评估检测		教师与学生共同完成任务的检测与评估，并能对问题进行分析与处理

555 定时器是一种中规模集成电路，外形为双列直插 8 脚结构，体积很小，使用起来很方便。只要在外部配上几个适当的阻容元件，就可以构成单稳态触发器电路。

读一读

知识 1　555 定时器的内部结构及管脚排列

555 定时器的内部电路框图和管脚排列分别如图 9-1 和图 9-2 所示。

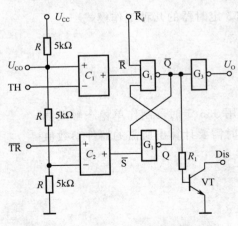

图 9-1　555 定时器内部结构

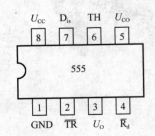

图 9-2　555 定时器外部引脚

图中 TH 为高电平触发端；简称高触发端，又称阈值端，标志为 TH；$\overline{\text{TR}}$ 为低电平触发端，简称低触发端，标志为 $\overline{\text{TR}}$；U_{co} 为控制电压端；U_o 为输出端；Dis 为放电端；$\overline{R_d}$ 为复位端。

555 定时器内含一个由 3 个阻值相同的电阻 R 构成的分压网络（产生 $U_{CC}/3$ 和 $2U_{CC}/3$ 两个基准电压）；两个电压比较器 C_1、C_2；一个由与非门 G_1、G_2 组成的基本 RS 触发器（低电平触发）；放电三极管 VT 和输出反相缓冲器 G_3。

$\overline{R_d}$ 是复位端，低电平有效。复位后，基本 RS 触发器的 $\overline{Q}$ 端为 1（高电平），经反相缓冲器后，输出为 0（低电平）。

知识 2　集成 555 定时器的分类

集成 555 定时器有双极型和 CMOS 型两种。一般双极型产品型号的最后 3 位数都是 555，CMOS 型产品型号的最后 4 位数都是 7555。它们的逻辑功能和外部引线排列完全相同。器件的电源电压推荐为 4.5～12V，最大输出电流在 200mA 以内，并能与 TTL、CMOS 逻辑电平相兼容。其主要参数见表 9-1 和表 9-2。

表 9-1　双极性型 555 的主要性能参数

参数名称	符号	单位	参数
电源电压	U_{CC}	V	5～16
电源电流	I_{CC}	mA	10
阈值电压	U_{TH}	V	$2/3U_{CC}$
触发电压	U_{TR}	V	$1/3U_{CC}$
输出低电平	U_{OL}	V	1
输出高电平	U_{OH}	V	13.3
最大输出电流	I_{OMAX}	mA	≤200
最高振荡频率	f_{MAX}	kHz	≤300
时间误差	Δt	ns	≤5

表 9-2　CMOS 型 555 的主要性能参数

参数名称	符号	单位	参数
电源电压	U_{CC}	V	3～18
电源电流	I_{CC}	μA	60
阈值电压	U_{TH}	V	$2/3U_{DD}$
触发电压	U_{TR}	V	$1/3U_{DD}$
输出低电平	U_{OL}	V	0.1
输出高电平	U_{OH}	V	14.8
最大输出电流	I_{OMAX}	mA	≤200
最高振荡频率	f_{MAX}	kHz	≥500
时间误差	Δt	ns	≤5

双极型 555 电路常见的型号有 NE555、LM555、CA555、CB555、FD555 以及 FX555 等。NE555 如图 9-3 所示。

CMOS 型 555 电路常见的型号有 ICM7555、CH7555、5G7555 和 CB7555 等。

ICM7555 如图 9-4 所示。

图 9-3　NE555

图 9-4　ICM7555

知识 3　用 555 定时器制作单稳态触发器

单稳态触发器是由 555 定时器、电阻 R_t 和电容 C_t 组成的。在如图 9-5 所示的电路中，U_i 接 555 定时器的 $\overline{TR}$ 端。

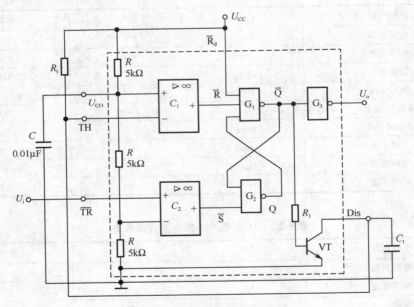

图 9-5　555 单稳态触发器电路

其工作原理如下。

①稳态（触发前）：U_I 为高电平时，$U_{\overline{TR}}=1$，输出 U_o 为低电平，放电管 VT 导通，定时电容器 C_t 上的电压 $U_{CT}=U_{TH}=0$，555 定时器工作在"保持"状态。

②触发：在 U_i 端输入低电平信号，555 定时器的 $\overline{TR}$ 端为低电平，电路被"低触发"，Q 端输出高电平信号，同时放电管 VT 截止，定时电容器 C_t 经 R_t 充电，U_{CT} 逐渐升高，电路进入暂稳态。在暂稳态中，如果 $U_{\overline{TR}}$ 恢复为高电平（$U_{\overline{TR}}=1$），但 U_{CT} 充电尚未达到 $2U_{CC}/3$（$U_{TH}=0$）时，555 定时器工作在保持状态，U_o 为高电平，VT 截止，电容器继续充电。

③恢复稳态：经过一定时间后，电容器充电至 U_{CT} 略大于 $2U_{cc}/3$，因 $U_{TH}>2U_{cc}/3$ 使 555 定时器"高触发"，U_o 跳转为低电平，放电三极管 VT 导通，电容器 C_t 经 VT 放电，U_{CT} 迅速降为 0。这时，$U_{TR}=1$，$U_{TH}=0$，555 定时器恢复"保持"状态。

④高电平脉冲的脉宽 T_W：当 U_O 输出高电平时，三极管 VT 截止，电容器 C_t 开始充电，在电容器 C_t 上的电压 $U_{CT}<2U_{cc}/3$ 这段时间，U_o 一直是高电平。因此，脉冲宽度 T_W 即是由电容器 C_t 开始充电至 $U_{CT}=2U_{cc}/3$ 的这段暂稳态时间。

知识 4　单稳态触发脉冲宽度的计算

输出脉冲的宽度 T_W 等于暂稳态的持续时间，而暂稳态的持续时间取决于外接电阻 R_t 和外接电容 C_t 的大小。

$$T_W = \tau_1 \ln \frac{v_C(\infty) - v_C(0^+)}{v_C(\infty) - v_C(t_W)} = \tau_1 \ln \frac{U_{cc} - 0}{U_{cc} - \frac{2}{3}U_{cc}} = 1.1 R_T C_T$$

通常 R_t 的取值在几百欧到几兆欧之间，电容 C_t 的取值范围为几百皮法到几百微法之间，T_W 的范围为几微秒到几分钟。但必须注意，随着输出脉冲的宽度增加，它的精度和稳定度也将下降。

议一议

①讨论 555 定时器还能用在哪些电路中，举例说出几种电路。

②改变单稳态触发器电路中的哪几个元件参数可以调节输出脉冲持续的长短？

练一练

练习　观测单稳态触发触发脉冲

按图 9-6 所示在实验板上制作一个单稳态触发器。将函数信号发生器输出调节至 100Hz，占空比为 50% 的方波，将方波输出加到 U_I 端，用示波器和秒表观察触发脉冲的输出 U_{OUT} 延迟时间。

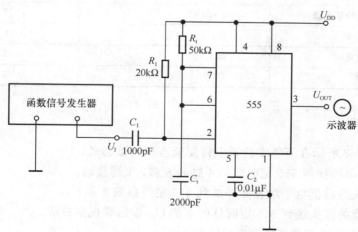

图 9-6　555 定时器单稳态触发电路

比较观察到的单稳态触发脉冲输出宽度与 $T_W = R_T C_T \ln3 \approx 1.1 R_t C_t$ 计算出的结果是否一致。

做一做

实验　利用 555 集成定时器制作单稳态触发器

1. 实训目的

动手组装调试单稳态触发器电路，熟悉 555 定时器的结构及用途，掌握单稳态触发器电路的构成和制作方法。

2. 实训工具及器材

本实训项目所需的工具和器材见表 9-3。

表 9-3　制作单稳态触发器所需的工具和器材

序号	名称	规格	数量
1	信号源	普通的函数信号发生器	1个
2	555 定时器	NE555	1块
3	电容	2000pF	1只
		1000pF	1只
		0.01μF	1只
4	电阻	100kΩ	1只
		20kΩ	1只
		1kΩ	1只
5	开关	扭子开关	1个
6	万能实验板	100mm×120mm	1块
7	电烙铁、焊锡	自定	1套
8	直流稳压电源	0~36V	1台
9	万用表	自定	1只
10	示波器	自定	1台
11	秒表	自定	1个

3. 组装调试

①按照图 9-7 所示在万能实验板上将实验器材连接起来。

②将 +5V 电源接到 555 定时器的 4 脚和 8 脚，1 脚接地。

③通过开关 S 将低电平触发脉冲加到 555 定时器的 2 脚 U_I。

④把示波器的探头接到 555 定时器的 3 脚 U_o 输出端观察波形。

U_{CT} 和 U_o 上的电压波形如图 9-8 所示。

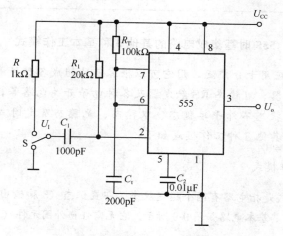

图 9-7　单稳态触发器

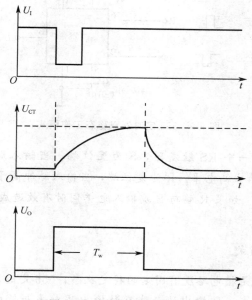

图 9-8　单稳态触发器波形图

评一评

<h3 style="text-align:center">任务检测与评估</h3>

	检测项目	评分标准	分值	学生自评	教师评估
任务知识内容	555 定时器的功能	识别 555 定时器的引脚功能	25		
	暂态时间计算	能根据所需的延迟时间计算所需电阻电容参数	25		
任务操作技能	单稳态触发器的制作	单稳态触发器能够触发延时	40		
	安全操作	工具和仪器的使用及放置，元器件的拆卸和安装	5		
	现场管理	出勤情况、现场纪律、团队协作精神	5		

知识拓展

555 时基集成电路的其他 3 种基本工作模式

555 定时器的应用十分广泛，用它可以很容易地组成各种性能稳定的高低频振荡器、单稳态触发器、双稳态 RS 触发器及各种电子开关电路等，但无论其电路如何变化，基本工作状态不外乎单稳态、双稳态、无稳态及定时 4 种模式。除了单稳态工作模式外，其他 3 种工作模式如下：

1. 双稳态工作模式

双稳态工作模式是指电路有两个稳定状态，即置位态（3 脚输出高电平）和复位态（3 脚输出低电平），其基本电路如图 9-9 所示。它无需任何外围元件（电容 C 也可省略）。

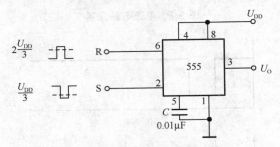

图 9-9　555 定时器双稳态工作模式

该电路实质上是一个 RS 触发器，S 为置位端，当输入脉冲电平低于 $U_{DD}/3$ 时，555 置位，3 脚输出高电平。R 为复位端，当输入脉冲高于 $2U_{DD}/3$ 时，555 复位，3 脚输出低电平。如果 R 端与 S 端输入电平同时有效造成二者发生矛盾时，S 端优先于 R 端。

2. 无稳态工作模式

无稳态工作模式是指电路没有固定的稳定状态，555 定时器处于置位态与复位态反复交替的工作状态，即输出端 3 脚交替输出高电平与低电平，输出波形为近似矩形波。由于矩形波的高次谐波十分丰富，所以无稳态工作模式又称之为自激多谐振荡器。无稳态工作模式的基本电路如图 9-10 所示。

振荡重复周期 $T = t_1 + t_2 = 0.693(R_1 + 2R_2)C_1$

振荡频率 $f = \dfrac{1}{0.693(R_1 + 2R_2)C_1}$

3. 定时工作模式

定时工作模式实质上是单稳态工作模式的一种变形，其电路分别如图 9-11 和图 9-12 所示。

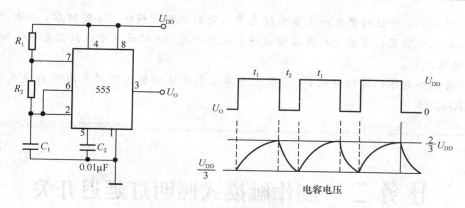

图 9-10 555 定时器无稳态工作模式

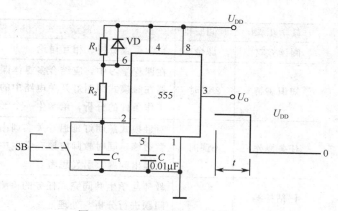

图 9-11 555 定时器定时工作模式 1

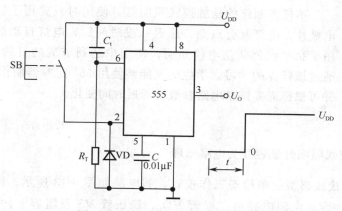

图 9-12 555 定时器定时工作模式 2

模式一：开机时产生一个高电平定时电路，经延迟时间 t 后，电路输出端 3 脚将保持低输出电平不变，如果要 3 脚再次输出高电平只需按一下按钮 SB。

　　模式二：开机时产生一个输出低电平的定时电路，经时间 t 延时后，3 脚保持输出高电平不变，若要电路再次输出一个延迟时间为 t 的低电平，只需按一下按钮 SB 便可。

　　这两个电路的定时时间 t（实质上为单稳态电路的暂态时间）均可由公式 $t=1.1R_\mathrm{T}C_\mathrm{T}$ 求得。

任务二　制作触摸式照明灯延迟开关

教学步骤	时间安排	教学方式（供参考）
阅读教材	课余	自学、查资料、相互讨论
知识讲解	2 课时	在课程学习中，应结合多媒体课件讲述 555 定时器在触摸式照明灯开关电路中的应用分析、定时工作条件的分析，给学生一个形象的认识
任务操作	4 课时	对触摸式照明灯延迟开关实训内容，学生应该边学边练，同时教师应该在学生中有针对性地向学生提出问题，引发思考
评估检测		教师与学生共同完成任务的检测与评估，并能对问题进行分析与处理

　　本任务制作的是触摸式照明灯，使用时只要用手摸一下开关上的电极片，电灯就会点亮，延迟一段时间后，电灯自动熄灭。本电路可用于私宅或公共住宅楼照明，使用中达到节能的目的，并方便生活。通过该任务的学习，学生应该能够使用 555 定时器制作单稳态触发器，并可根据需要调整电路参数使延迟时间变化。

读一读

　　知识　触摸式照明灯延迟开关电路原理

　　555 定时器接成典型的单稳态工作模式，其电路如图 9-13 所示。图中暂态时间由 R_3 和 C_3 的数值决定，电源电路由二极管 VD_1、稳压管 VS 及阻容元件 R_1、C_1、C_2 组成，属于典型的电容降压整流稳压电路。接通 220V 交流电压后，C_2 两端可输出 12V 左右的直流电压，供给 555 定时器用电。触摸电路由触摸电极片 M、二极管 VD_2 及电阻 R_4 构成。

　　电路平时处于稳态时，555 定时器的 3 脚输出低电平，双向晶闸管 V_{TH} 因无触发电流

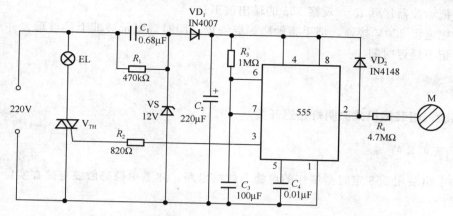

图 9-13　触摸式照明灯延迟开关电路

而处于关断状态，照明灯 EL 不亮。当人手触碰电极片 M 时，人体感应的杂波信号经 R_4 注入 555 的触发端 2 脚，并经 VD_2 整流得到负脉冲触发信号使 555 定时器翻转进入暂态，3 脚突变为高电平，经 R_2 加到 V_{TH} 的门极，使 V_{TH} 开通，EL 便点燃发光。暂态时间一过，时基电路翻回稳态，3 脚恢复低电平，V_{TH} 失去触发电流，当交流电过零时即关断，灯 EL 熄灭。本电路暂态时间约为 2min，如不合适可以更改 R_3 或 C_3 的数值。

议一议

①触摸式照明灯延迟开关在哪些地方有应用价值？

②调整开关的延迟时间需要改动哪个元器件的参数？

③怎样使方便地改动参数值改变 R_3 的参数可以调节灯的亮度，为了调态方使 R_3 应怎样连接？

练一练

练习　观测 555 定时器的输出波形

①将电路的元器件按图 9-14 焊接在实验板上，引出两根线接入交流 220V 电源。

②将一块镀锡铁皮 M 接到 R_4 上。

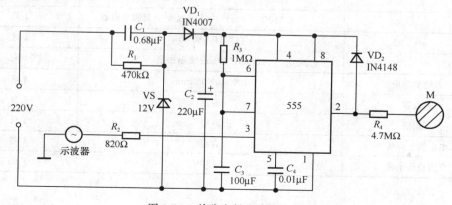

图 9-14　单稳态触发应用电路

③把示波器接到 R_2，观察 555 的输出波形；

④把电源 220V 接通，把手指触碰焊锡铁皮，同时观察示波器上的波形，并用手表计时，记下延迟时间。

做一做

实验 组装触摸式照明灯延迟开关

1. 实训目的

动手组装用 555 定时器制作的单稳态触发电路，熟悉单稳态触发电路在实际生活中的应用。

2. 实训工具和器材

本实训项目所需的工具和器材见表 9-4。

表 9-4 组装触摸式照明灯延迟开关所需的工具和器材

名称		规格	数量
555 定时器		NE555	1 块
双向晶闸管		MAC94A4 或 MAC97A6	1 个
二极管	VD$_1$	IN4007	1 只
	VD$_2$	IN4148	1 只
	VS	IN4742（12V，1W 稳压二极管）	1 只
电容	C$_4$	0.01μF 普通瓷介质电容器	1 只
	C$_1$	0.68μF，CBB-400V（聚丙烯电容器耐压 400V）	1 只
	C$_2$	220μF	耐压 16V 的铝
	C$_3$	100μF	电解电容器 各 1 只
电阻	R$_1$	470kΩ	1 只
	R$_2$	820Ω	普通 1/8W 碳 1 只
	R$_3$	1MΩ	膜电阻器 1 只
	R$_4$	4.7MΩ	1/4W 金属膜电阻器 1 只
灯泡	EL	白炽灯（30W）	1 只
电极片	M	15mm×15mm 镀锡铁皮	1 块
万能实验板		100mm×120mm	1 块
示波器		自定	1 台
万用表		自定	1 只
电烙铁、焊锡		自定	1 套
直流稳压电源		0～36V	1 台

3. 组装与调试

①按照原理图 9-13 把元器件焊接在万能实验板上，并安放在一个与之大小相适应的 86 系列开关盒子中。

②将晶闸管的 VT_1、VT_2 脚用导线引出与电灯泡串联起来。

③把晶闸管的 G 极通过电阻 R_2 接到 555 定时器的 3 端。

④外接一块镀锡铁皮作为电极片 M，用环氧树脂胶将其粘贴在开关盒的塑料板上，背面引出导线接到电阻 R_4。

制作完成后的产品如图 9-15 所示。

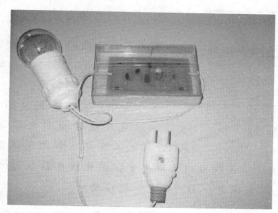

图 9-15　触摸式照明灯延迟开关

人手接触电极片 M，灯泡通电照明，经过一段时间延时后灯泡灭。

评一评

任务检测与评估

	检测项目	评分标准	分值	学生自评	教师评估
任务知识内容	电路原理分析	掌握电路中的每个元件的作用	25		
	延迟时间计算	掌握计算所需电阻、电容参数	25		
任务操作技能	触摸式照明灯延迟开关电路的制作	照明灯能够照亮延时	40		
	安全操作	掌握工具和仪器的使用及放置，元器件的拆卸和安装	5		
	现场管理	出勤情况、现场纪律、团队协作精神	5		

知识拓展

1. 单稳态触发器的脉冲整形应用

利用单稳态触发器能够产生一定宽度的脉冲这一特性可以实现脉冲整形的功能。如将过窄或过宽的输入脉冲整形成固定宽度的脉冲输出。

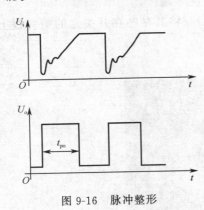

图 9-16 脉冲整形

图 9-16 所示的不规则输入波形，经单稳态触发器处理后，便可得到固定宽度、固定幅度，且上升、下降沿陡峭的规整矩形波输出。

2. 多用途电源插座

家用电器、照明灯等电源的开或关，常常需要在不同的时间延迟后进行，延迟开关电源插座即可满足这种不同的需要。

工作原理：电路如图 9-17 所示，它由降压、整流、滤波及延时控制电路等部分组成。按下 AN，12V 工作电压加至延迟器上，这时 NE555 的 2 脚和 6 脚为高电平，3 脚输出为低电平，因此继电器 K 通电工作，触点 K_{1-1} 向上吸合，"延关"插座通电，而"延开"插座断电。

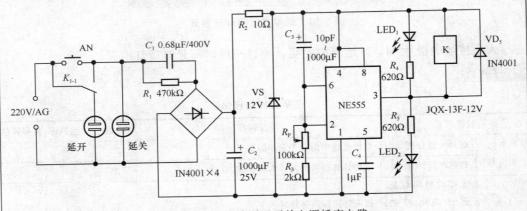

图 9-17 多用途延迟开关电源插座电路

这时电源通过电容器 C_3、电位器 R_P、电阻器 R_3 至"地"，对 C_3 进行充电，随着 C_3 上的电压升高，NE555 的 2、6 脚的电压越来越往下降，当此电压下降至 $2/3U_{CC}$ 时，NE555 的 3 脚输出由低电平跳变为高电平，这时继电器将失电而不工作，其控制触点恢复原位，"延关"插座断电，而"延开"插座通电。就这样满足了不同的需求，LED_1、LED_2 作相应的指示。

本电路只要元器件合格，装配无误，装好即可正常工作。延时时间由 C_3 及 R_P+R_3 的值决定，$T≈1.1C_3(R_P+R_3)$。R_P 指有效部分，C_3 可用 10pF 至 $1000\mu F$ 的电容器，

(R_P+R_3) 的值可取 $2k\sim10M\Omega$。C_1 的耐压值应 $\geqslant400V$，R_1 的功率应 $\geqslant2W$，AN 按钮开关可选用 K-18 型的，继电器的型号为 JQX-13F-12V。其他元器件无特殊要求。

项目小结

制作触摸式照明灯延迟开关，使学生能够理解单稳态触发的概念。了解 555 定时器的内部结构，并在实际应用中能够使用 555 定时器制作单稳态触发器。所要掌握的技能如下。

①能够看懂 555 定时器单稳态触发电路。

②能够使用 555 定时器制作单稳态触发器。

③能够根据实际需要计算出所需电阻、电容的大小。

如有兴趣可根据知识扩展部分的 555 定时器为基础的多用途电源插座来制作出一个产品，进一步理解单稳态触发器在生活中的应用，使理论与生活实践联系在一起。

实训与考核

1. 填空题

①555 定时器的最后数码为 555 的是_____产品，最后数码为 7555 的是_____产品。

②单稳态触发器受到外触发时进入_____态。

2. 判断题

①单稳态触发器电路的最大工作频率，由外加触发脉冲的频率决定。（　　）

②单稳态触发器的暂稳态时间与输入触发脉冲宽度成正比。（　　）

3. 简答题

①555 定时器由哪几部分组成？各部分功能是什么？

②如要改变由 555 定时器组成的单稳态触发器的输出脉宽，可以采取哪些方法？

③如图 9-18 所示，这是一个根据周围光线强弱可自动控制 VB 亮、灭的电路，其中 VT 是光敏三极管，有光照时导通，有较大的集电极电流，光暗时截止，试分析电路的工作原理。

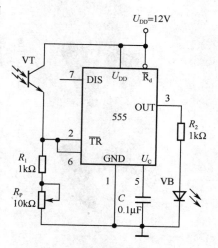

图 9-18　光可控开关电路

项目十

制作数字秒表

　　该数字秒表由信号发生电路、计时电路和译码显示电路构成。信号发生系统由多谐振荡器构成，采用集成电路 555 定时器与电阻和电容组成的多谐振荡器；计时电路由计数器来完成；显示译码电路由七段译码器、七段共阴极数码管组成。

　　通过本项目，学生应该能够掌握多谐振荡器的概念，并能制作 1Hz 的振荡器；掌握译码显示器的概念，能够结合共阴极数码管制作一个译码显示电路。

知识目标

1. 掌握多谐振荡器的概念
2. 熟悉用 555 定时器构成多谐振荡器的电路
3. 熟悉显示译码器在数字电路中的应用
4. 了解构成六十进制计数器的方法

技能目标

1. 会使用 555 定时器电路制作多谐振荡器
2. 会使用 CC4518 构成六十进制计数器
3. 熟悉共阴极七段数码管的使用
4. 能够制作并调试数字秒表电路

任 务 一　制作秒信号发生器

教学步骤	时间安排	教学方式（供参考）
阅读教材	课余	自学、查资料、相互讨论
知识讲解	2 课时	在课程学习中，熟悉 555 定时器构成的多谐振荡器，掌握 555 定时器的多谐振荡工作模式
任务操作	4 课时	在制作秒信号发生器电路实训内容中，学生应该边学边练，同时教师应该在实训中有针对性地向学生提出问题，引发思考
评估检测		教师与学生共同完成任务的检测与评估，并能对问题进行分析与处理

　　本任务是使 555 定时器工作在无稳态模式下，使 555 定时器处于置位与复位反复交替的工作状态，即输出端交替输出高电平与低电平，产生的波形为矩形波，选择合适的电阻、电容参数后使输出频率为 1Hz 的脉冲作为秒脉冲信号源。

读一读

知识　555 多谐振荡器的工作原理

　　秒信号发生器产生标准的秒脉冲信号。在控制电路的作用下，能及时发出频率为 1Hz 的脉冲信号，完成"记秒"或"停振"功能，其振荡电路如图 10-1 所示。它由 CC7555 定时器组成多谐振荡器，其中 R_1、R_2 和 C_1 为定时元件，根据 $f=1.44/(R_1+2R_2)C_1$ 可以选取适当的电阻和电容值。

　　555 多谐振荡器的工作原理是：接通 U_{CC} 后，U_{CC} 经 R_1 和 R_2 对 C_1 充电。当 U_{C1} 上升到 $2U_{CC}/3$ 时，$U_O=0$，三极管 VT 导通，C_1 通过内部的电阻和三极管放电，U_{C1} 下降。当 U_{C1} 下降到 $U_{CC}/3$ 时，U_O 又由 0 变为 1，三极管 VT 截止，U_{CC} 又经 R_1 和 R_2 对 C_1 充电。如此重复上述过程，在输出端 U_O 产生了连续的矩形脉冲。

　　图 10-1 中各参数的估算如下。

　　①电容 C 充电时间：$t_{P1}=0.7(R_1+R_2)C_1$。

　　②电容 C 放电时间：$t_{P2}=0.7R_2C_1$。

　　③电路谐振频率 f 的估算。

　　振荡周期为：$T=t_{p1}+t_{p2}=0.7(R_1+2R_2)C_1$。

　　振荡频率为：$f=\dfrac{1}{T}=\dfrac{1}{0.7(R_1+2R_2)C_1}\approx\dfrac{1.43}{(R_1+2R_2)C_1}$。

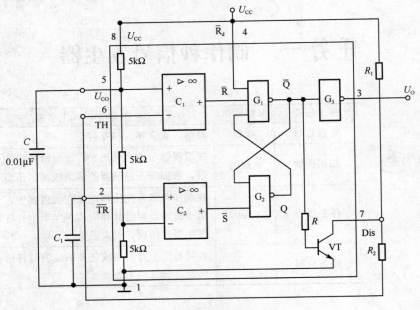

图 10-1　555 多谐振荡器

④占空比为：$D = \dfrac{t_{p1}}{T} = \dfrac{0.7(R_1 + R_2)C_1}{0.7(R_1 + 2R_2)C_1} = \dfrac{R_1 + R_2}{R_1 + 2R_2}$。

议一议

①多谐振荡器的用途都有哪些？试举出一两个例子。

②用 555 定时器制作的多谐振荡器的工作条件和单稳态触发器的工作条件有什么区别？

练一练

练习　观测 555 多谐振荡器输出波形

①将元件按照图 10-2 焊接在实验板上。

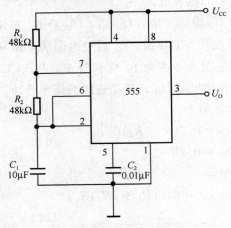

图 10-2　555 多谐振荡器

②把直流电源调节在＋5V给555定时器供电。

③把示波器的探头放在U_0上观察输出波形。

做一做

实验　组装1Hz秒脉冲多谐振荡器

1. 实训目的

用555定时器组装频率为1Hz的多谐振荡器。

2. 实训工具及器材

本实训项目所需的工具和器材见表10-1。

表10-1　组装1Hz秒脉冲多谐振荡器所需的工具和器材

序号	名称	规格	数量
1	555定时器	CC7555	1块
2	1/4W电阻	48kΩ	1只
3	1/4W电阻	47kΩ	1只
4	电位器	2kΩ	1只
5	电容	10μF	1只
6	电容	0.01μF	1只
7	万能实验板	100mm×120mm	1块
8	电烙铁、焊锡	自定	1套
9	直流稳压电源	0～36V	1台
10	万用表	自定	1只
11	示波器	自定	1台
12	频率计	自定	1台

3. 组装调试

①为了校准频率方便，将R_1拆分为R_1和R_p，如图10-3所示，在实验板上搭建电路。

②观察3脚输出电压U_0和电容C_1两端电压U_{C1}的波形，555集成电路的8脚、1脚分别接5V直流电源的正、负端。

③复位端4脚接电源，为高电平，使电路处于非复位状态。5脚通过电容接地而不起作用。

④用示波器观察3脚输出电压U_0和电容C_1两端电压U_{C1}的波形，并绘制到图10-4中。

⑤用频率计观察输出信号U_0的频率变化规律，调节R_P使U_0的频率固定为1Hz，再用万用表测出电阻R_P的阻值。

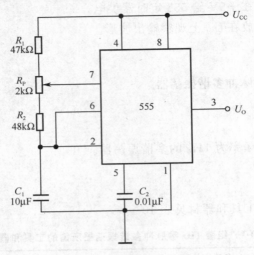

图 10-3   秒信号发生器

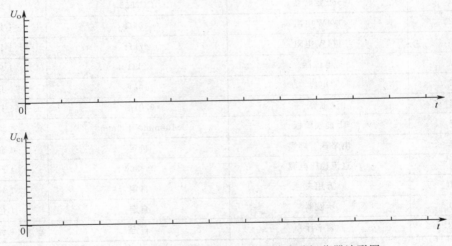

图 10-4   555 定时器构成的 1Hz 秒脉冲多谐振荡器波形图

评一评

任务检测与评估

	检测项目	评分标准	分值	学生自评	教师评估
任务知识内容	555 定时器的多谐振荡器	能够画出 555 定时器的多谐振荡器及外加元件,并讲出它的工作模式	25		
	所需电阻、电容的计算	能计算 1Hz 频率振荡所需电阻、电容参数	25		
任务操作技能	1Hz 秒脉冲多谐振荡器电路的制作	多谐振荡器能够振荡并输出 1Hz 的脉冲	40		
	安全操作	工具和仪器的使用及放置,元器件的拆卸和安装	5		
	现场管理	出勤情况、现场纪律、团队协作精神	5		

知识拓展

其他振荡电路

1. 用 CMOS 门电路构成的振荡器

用 CMOS 门电路构成的振荡器如图 10-5 所示。

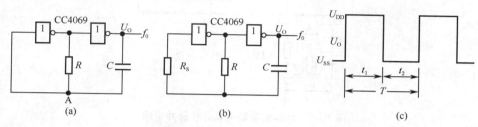

图 10-5 CMOS 门电路构成的振荡器

在图 10-5（a）中，若取门坎电平 $U_{th} = U_{DD}/2$，则周期 $T = t_1 + t_2 = RC \ln 4 = 1.4RC$，输出对称方波。图 10-5（b）中增加了补偿电阻 R_s，从而减少了电源变化对振荡频率的影响，一般取 R_S 为 10R，则振荡周期 $T = (1.4～2.2)RC$。由 CMOS 门电路构成的振荡器适用于低频段工作。

2. 用 TTL 门电路构成的振荡器

用 TTL 门电路构成的振荡器如图 10-6 所示。

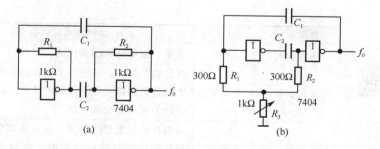

图 10-6 TTL 门电路构成的振荡器

由 TTL 门构成振荡器的工作频率可比 CMOS 提高一个数量级。在图 10-6（a）中，R_1、R_2 一般为 1kΩ 左右，C_1、C_2 取 100pF 至 100μF，输出频率为几赫至几十兆赫。图 10-6（b）中增加了调频电位器，R_1、R_2 取值为 300～800Ω，R_s 取值为 0～600Ω。若取 C_1、C_2 为 0.22μF，R_1、R_2 为 300Ω，则输出为几千赫至几十千赫，用 R_3 进行调节。由 TTL 门构成的振荡器适合于在几兆赫到几十兆赫的中频段工作。由于 TTL 门功耗大于 CMOS 门，并且最低频率因受输入阻抗的影响，很难做到几赫，一般不适合低频段工作。

3. 由石英晶体振荡器构成的秒脉冲电路

由石英晶体振荡器构成的秒脉冲电路如图 10-7 所示。

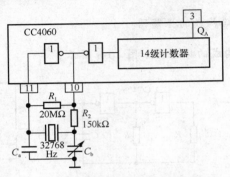

图 10-7 晶体振荡器构成的秒脉冲电路

石英晶体振荡器构成的秒脉冲电路由 14 级二进制串行计数器 CC4060 和晶体、电阻及电容构成。CC4060 内部所含的门电路和外接元件构成振荡频率为 32768Hz 的振荡器。经计数器作 14 级分频后在 Q_A 端得到频率为 2Hz（周期为 0.5s）的脉冲。

任务二 制作秒计数器

教学步骤	时间安排	教学方式（供参考）
阅读教材	课余	自学、查资料、相互讨论
知识讲解	2 课时	在课程学习中，应结合多媒体课件演示秒计数器中的计数电路、显示译码的原理，以及数字电路设计的基本概念和方法
任务操作	4 课时	在制作秒计数器过程中，学生应该边学边练，同时教师应该有针对性地向学生提出问题，引发思考
评估检测		教师与学生共同完成任务的检测与评估，并能对问题进行分析与处理

制作一个数字秒表，要求具有手控记秒、停摆和清零的功能。电路分成 3 大部分：秒信号发生器、六十进制计数电路、显示译码电路。3 部分电路可以分别制作调试，制作完成后连接起来构成一个数字秒表电路。通过该任务的学习，学生可以对数字电路的设计方法有一个初步的了解。

知识　数字秒表的电路任务及电路分析

数字秒表是一种简单的秒计时器，可实现手控记秒、停摆和清零功能。该计时器的原理框图如图 10-8 所示。它由秒信号发生器、秒计数器、控制电路、译码电路、数码显示器 5 部分组成。秒信号发生器产生标准的秒脉冲信号，秒脉冲送入计数器计数，计数结果通过译码电路和数码显示器显示秒数。各部分电路及工作原理分析如下。

1. 秒信号发生器

电路如图 10-9 所示。其中由集成 555 定时器组成的多谐振荡期作为秒信号发生器，输出频率 $f = 1\mathrm{Hz}$ 的脉冲信号，R_1、R_2、R_P 和 C_1 为定时元件，根据公式 $f = 1.4/(R_1 + 2R_2)C_1$ 选择其参数值（在这里为校准频率方便，将 R_1 阻值拆分为 R_1 和 R_P 两个电阻）。

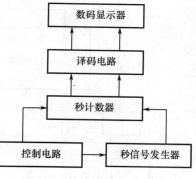

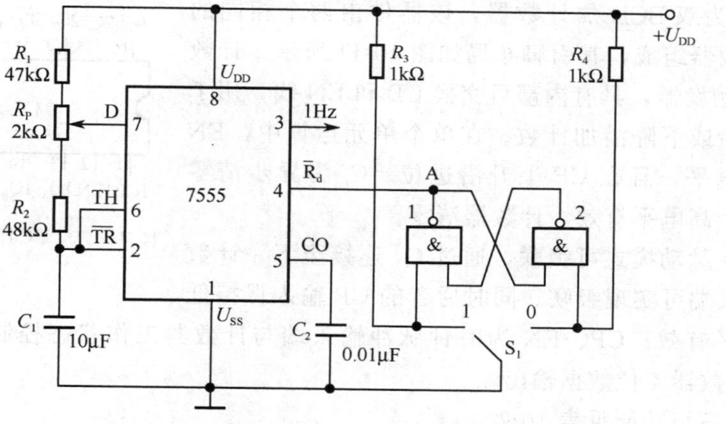

图 10-8　数字秒表原理框图

图 10-9　秒信号发生器及控制电路

由门 1 和门 2 构成的基本 RS 触发器，开关 S_1、电阻 R_3、R_4 组成控制电路，为 555 定时器提供控制信号 A，并能消除开关抖动造成的误差。当开关 S_1 置"1"端时，A 为高电平，振荡器工作，输出秒信号；当 S_1 置"0"时，A 端为低电平，振荡器停振，同时控制秒计数器复零，以便振荡器下一次计数时从 0 开始计数，所以信号 A 还控制秒计数器复零。

2. 秒计数器

秒计数器是六十进制计数器，可由两块十进制计数器 CC4518 反馈归零来实现，电路如图 10-10 所示。门 3 和门 4 为反馈支路，来自 S_1 的控制信号 A 接至门 4 输入端。

A＝0 时，计数器清零；A＝1 时，计数器按六十进制计数。为了实现"停摆"功能，秒信号经过控制门 5 和门 6，接至 CC4518 的 EN 端（下降沿计数）。开关 S_2 控制门 5。当 S_2 接电阻 R_4 时，门 5 打开，秒信号计数器正常计数；当 S_2 接地时，门 5 被封锁，秒信号不能进入计数器，计数器保持已记数字的状态。

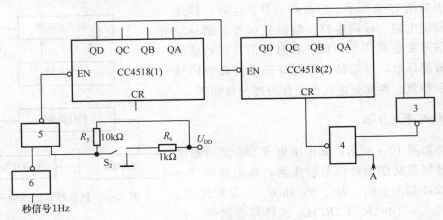

图 10-10　计数器电路

CC4518 为双 BCD 加计数器，该器件由两个相同的同步 4 级计数器组成，其引脚布局如图 10-11 所示。计数器级为 D 型触发器，具有内部可交换 CP 和 EN 线，用于在时钟上升沿或下降沿加计数。在单个单元运算中，EN 输入保持高电平，且在 CP 上升沿进位。C_r 为异步清零端（复位端）高电平有效，计数器清零。

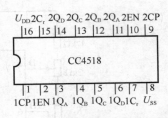

图 10-11　CC4518 引脚布局图

计数器在脉动模式可级联，通过 Q_3 连接至下一计数器的 EN 输入端可实现级联。同时后者的 CP 输入保持低电平，高电平有效。CP、EN 为时钟脉冲输入端与计数器工作状态控制端。Q_D、Q_C、Q_B、Q_A 为计数器 4 位数据输出端。

CC4518 逻辑功能见表 10-2。

表 10-2　CC4518 逻辑功能表

	输入			输出			
	C1	CP	EN	Q_D	Q_C	Q_B	Q_A
清零	1	×	×	0	0	0	0
计数	0	↑	1	BCD 码加法计数			
保持	0	×	0	保持			
计数	0	0	↓	BCD 码加法计数			
保持	0	1	×	保持			

3. 译码及显示电路

译码显示器是将 BCD 码译成 7 线输出以推动显示电路工作的，显示电路则将译码输出信号进行显示，其电路如图 10-12 所示。图中 CC14547 学，LED 数码管译码器 BS205 为共阴数码管，CC14547 的输入端 A、B、C、D 接秒计数器 CC4518 的输出端 Q_A、Q_B、Q_C、Q_D，输出端 $Y_a \sim Y_g$ 的状态与输入端的数码相对应，高电平有效。当 $Y_a \sim Y_g$ 中的输出为高电平时，BS205 的相应二极管亮，输出低电平时相应二极管不亮。电源电压使用 5V，译码与显示电路直接连接；若电源电压升高，需在 CC14547 输出端与 LED 输入端之间接入电阻，其阻值随电压的变化而不同（10V 时用 1kΩ），以保证 LED 数码管电流值在 10～15mA 范围内，避免由于电压升高而使数码管电流过大而损坏。

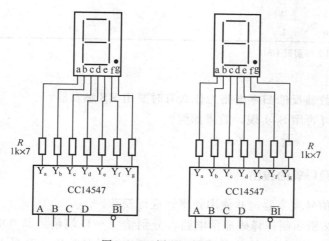

图 10-12 译码显示电路

下面讲述一下数码显示译码器的概念和组成。

用来驱动各种显示器件，从而将用二进制代码表示的数字、文字、符号翻译成人们习惯的形式，直观地显示出来的电路，称为显示译码器。数码显示译码器主要是译码器＋驱动器，通常这二者都集成在一块芯片上。

CC14547 是七段数码显示译码器，4 线-7 段译码器/驱动器。图 10-13 是其逻辑功能示意图，其真值表见表 10-3。

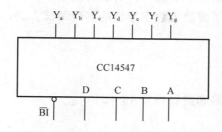

图 10-13 CC14547 逻辑功能示意图

表 10-3 真 值 表

输 入				输 出							显示字形
D	C	B	A	Y_a	Y_b	Y_c	Y_d	Y_e	Y_f	Y_g	
0	0	0	0	1	1	1	1	1	1	0	0
0	0	0	1	0	1	1	0	0	0	0	1
0	0	1	0	1	1	0	1	1	0	1	2
0	0	1	1	1	1	1	1	0	0	1	3
0	1	0	0	0	1	1	0	0	1	1	4
0	1	0	1	1	0	1	1	0	1	1	5
0	1	1	0	0	0	1	1	1	1	1	6
0	1	1	1	1	1	1	0	0	0	0	7
1	0	0	0	1	1	1	1	1	1	1	8
1	0	0	1	1	1	1	1	0	1	1	9

注：真值表仅适用于共阴极 LED。

议一议

①N 进制计数器反馈归零电路为什么有时要用 RS 触发器？

②停摆信号可否用 S_1 实现，效果如何？

练一练

练习 观察数码管的输出

①制作出秒信号发生器，并使用频率计进行校准。

②按图 10-12 所示制作译码显示电路，分别给 A～D 端输入从 0000～1001 不同组合的电平，观察数码管输出的数字是否正确（可用开关切换输入高低电平，用 5V 表示高电平代表逻辑"1"，低电平代表逻辑"0"）。

做一做

实验 制作数字秒表

1. 实训目的

动手组装调试数字秒表，了解数字计时装置的基本工作原理，熟悉中规模集成电路和显示器件的使用方法，了解简单数字系统的实验调试方法，验证所设计的数字秒表的功能。

2. 实训工具及器材

本实训项目所需的工具和器材见表 10-4。

表 10-4　制作数字秒表所需的工具和器材

名称	规格	数量
555 定时器	CC7555	1 块
2 输入端四与非门	T065	1 块
二-十进制计数器	CC4518	1 块
七段译码器	CC14547	2 块
共阴极七段数码管	BS205	2 块
电容	$10\mu F$	1 只
	$0.01\mu F$	1 只
电阻	$1k\Omega$	17 只
	$47k\Omega$	1 只
	$10k\Omega$	1 只
	$48k\Omega$	1 只
电位器	$2k\Omega$	1 只
扭子开关	S	2 只
万能实验板	100mm×120mm	每人一块
电烙铁、焊锡	自定	1 套
直流稳压电源	0~36V	1 台
万用表	自定	1 只
示波器	自定	1 台

3. 制作调试

按照图 10-14 所示在万能实验板上把各部分电路连接起来。
①制作秒信号发生器及控制电路，并用示波器观察输出信号。
②制作译码及显示电路，将秒信号发生器输出送至译码电路，使显示秒计数情况。

4. 功能调试

①秒计数：将开关 S_1 置"1"，S_2 接高电平，多谐振荡器工作，输出秒信号。
②停摆：开关 S_1 置"1"，将 S_2 接地，秒信号不能进入计数器，计数器保持已记数字的状态。
③清零：开关 S_1 置"0"，秒信号发生器停振，计数器清零。

5. 校时

将秒表的秒信号发生器输出频率与频率计对照，调节电位器 R_P，使输出频率为 1Hz。

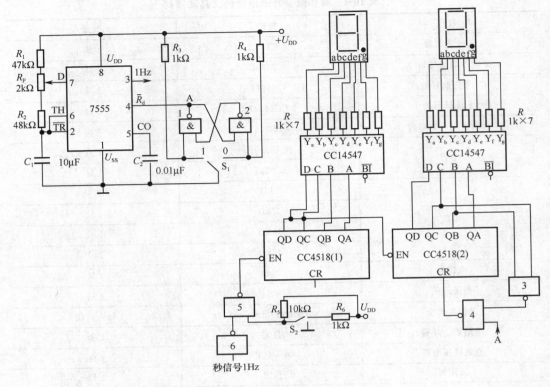

图 10-14　数字秒表系统连接图

评一评

任务检测与评估

	检测项目	评分标准	分值	学生自评	教师评估
任务知识内容	CC4518 的计数方式	对 100 以内的任意进制计数能够连接出相应的电路	15		
	秒表系统的连接	能画出秒表系统的连接图	15		
任务操作技能	数字秒表的制作	秒表能够计数并显示	60		
	安全操作	工具和仪器的使用及放置，元器件的拆卸和安装	5		
	现场管理	出勤情况、现场纪律、团队协作精神	5		

知识拓展

数字电路系统设计知识

1. 数字电路系统的组成与类别

（1）数字系统的组成

在电子技术领域里，用来对数字信号进行采集、加工、传送、运算和处理的装置称为数字系统。一个完整的数字系统往往包括输入电路、输出电路、控制电路、时基电路和若干子系统5个部分。

①输入电路。输入电路的任务是将各种外部信号变换成数字电路能够接受和处理的数字信号。外部信号通常可分成模拟信号和开关信号两大类，如声、光、电、温度、湿度、压力及位移等物理量属于模拟量，而开关的闭合与打开、管子的导通与截止、继电器的得电与失电等属于开关量。这些信号都必须通过输入电路变换成数字电路能够接受的二进制数。

②输出电路。输出电路将经过数字电路运算和处理之后的数字信号变换成模拟信号或开关信号去推动执行机构。当然，在输出电路和执行机构之间常常还需要设置功放电路，以提供负载所要求的电压和电流值。

③子系统。子系统是对二进制信号进行算术运算或逻辑运算以及信号传输等功能的电路，每个子系统完成一项相对独立的任务，即某种局部的工作。子系统又常称为单元电路。

④控制电路。控制电路将外部输入信号以及各子系统送来的信号进行综合、分析，发出控制命令去管理输入、输出电路及各个子系统，使整个系统同步协调、有条不紊地工作。

⑤时基电路。时基电路（短形波发生器）产生系统工作的同步时钟信号，使整个系统在时钟信号的作用下一步一步地顺序完成各种操作。

（2）数字系统的类型

①在数字电路系统中，有的全是由硬件电路来完成全部任务，有的除硬件电路外，还需要加上软件，即使用可编程器件，采用软硬结合的方法完成电路功能。

根据系统中有无可编程器件，数字系统分为可编程和不可编程两大类。可编程器件最典型的是微处理器。一片微处理器配上若干外围总片构成硬件电路，再加上相应的软件就可以构成一个功能很强的应用系统，其优点是单纯的硬件电路无法比拟的。除微处理器之外，如 ROM、EPROM、E^2PROM、RAM、可编程逻辑阵列 PAL、通用可编程门阵列 GAL，以及各种可编程接口电路的功能均可以通过软件来设置。

②由于微处理器在可编程器件中具有一定的特殊性，因而，根据系统中是否使用微处理器，又可将数字系统分成有微处理器控制和无微处理器控制两大类。以微处理器为核心的数字系统应用十分广泛，但本教材的设计课题均不涉及微处理器。

③根据数字电路系统所完成的任务性质还可将其分成数字测量系统、数字通信系统和数字控制系统三大类，三者各有自己的特点。

2. 数字电路系统的设计步骤

由于每个课题的设计任务各不相同，则设计的数字系统规模有大有小，电路的结构也有繁有简。而课程设计中一般只能做规模不大的小系统，在应用中，小系统的设计是很有用处的。掌握了数字小系统的设计可以为更大规模的系统设计奠定基础。无论系统规模的大小，其设计步骤是大体一致的。

①分析设计要求，明确性能指标。具体做设计之前，必须仔细分析课题要求、性能、指标及应用环境等。分清楚要设计的电路属于何种类型，输入信号如何获得，输出执行装置是什么，工作的电压、电流参数是多少，主要性能指标如何，然后查找相关的各种资料，广开思路，构思出各种总体方案，绘制结构框图。

②确定总体方案。各种方案进行比较，以电路的先进性、结构的繁简、成本的高低及制作的难易等方面作逐一比较，并考虑各种元器件的来源，最后敲定一种可行的方案。

③设计各子系统（或单元电路）。将总体方案化整为零，分解成若干子系统或单元电路，然后逐个进行设计。

每一子系统一般均能归结为组合电路与时序电路两大类，然后按不同方法分别作具体设计。

④设计控制思路。控制电路的功能诸如系统清零、复位、安排各子系统的时序先后及启动停止等，在整个系统中起核心和控制作用。设计时最好画出时序图，根据控制电路的任务和时序关系反复构思电路，选用合适的器件，使其达到功能要求。

⑤组成系统。各部分子系统设计完成后，就要绘制总系统原理图。在一定幅面的图纸上合理布局，通常信号的流向采用左进右出的规定安排布局各部分电路，并标出必要的说明。

⑥安装调试，反复修改，直至完善。

⑦总结设计。

项 目 小 结

数字秒表以其显示的直观性、走时准确稳定而受到人们的欢迎，广泛应用于家庭、车站、码头、剧场等场合，给人们的生活、学习、工作、娱乐带来了极大的方便。该电路基本组成包含了数字电路的组合逻辑和时序逻辑部分，能帮助学生将以前所做项目有机地、系统地联系起来，培养综合分析、设计、制作和调试数字电路的能力。

在本项目中，需要掌握以下单元电路的组装与调试。

①多谐振荡器的组装与调试，使振荡频率达到每秒1Hz。

②六十进制计数器的制作。

③译码及显示器的制作。

每个单元的电路制作完成后进行系统整体调试，完成该项目后，学生应能够初步掌握对计数器、七段显示译码器的原理，初步了解数字电路的设计过程和步骤。

实训与考核

1. 填空题

①单稳态触发器有一个_____状态和一个_____态；多谐振荡器只有两个____态。

②为了实现高的频率稳定度，常采用_____振荡器。

2. 选择题

①555 定时器可以组成_____。

A. 多谐振荡器　　　　　　　　B. 单稳态触发器

C. 施密特触发器　　　　　　　D. JK 触发器

②多谐振荡器可产生_____。

A. 正弦波　　　　B. 矩形脉冲　　　　C. 三角波　　　　D. 锯齿波

3. 简答题

①555 定时器由哪几部分组成？各部分的功能是什么？

②试说出数字电路的设计步骤，并结合数字秒表的制作谈谈具体的设计过程。

项目十一

制作数/模转换与模/数转换电路

  随着数字技术特别是计算机技术的飞速发展与普及，在现代控制、通信及检测领域中，对信号的处理广泛采用了数字技术。由于系统实际处理的对象往往都是一些模拟量（如温度、压力、位移、图像等），要使计算机或数字仪表能识别和处理这些信号，必须首先将这些模拟信号转换成数字信号；经计算机分析、处理后的数字量往往也需要将其转换成为相应的模拟信号才能为执行机构所接收。这样，就需要一种能在模拟信号与数字信号之间起桥梁作用的电路——模数转换电路和数模转换电路。

  能将模拟信号转换成数字信号的电路称为模数转换器（简称 A/D 转换器），而将能把数字信号转换成模拟信号的电路称为数模转换器（简称 D/A 转换器）。

  了解 A/D 和 D/A 转换器的基本工作原理和基本结构。

  掌握集成 A/D 和 D/A 转换器的原理、功能及其典型器件 ADC0809 和 DAC0832 的基本应用。

任务一　制作 D/A 转换电路

教学步骤	时间安排	教学方式（供参考）
阅读教材	课余	自学、查资料、相互讨论
知识讲解	4 课时	在课程学习中，应结合多媒体课件讲述 D/A 转换器的原理和转换指标以及它的应用
任务操作	4 课时	在制作 D/A 转换电路的过程中，学生应该边学边练，同时教师应该在实训中有针对性地向学生提出问题，引发思考
评估检测		教师与学生共同完成任务的检测与评估，并能对问题进行分析与处理

本任务将采用大规模集成电路 DAC0832 实现 D/A 转换，输入一个 8 位二进制数字量，观察记录对应的输出电压数值是多少。

读一读

知识 1　D/A 转换概述

数字量是用代码按数位组合起来表示的，对于有权的代码，每位代码都有一定的权。为了将数字信号转换成模拟信号，必须将每一位的代码按其权的大小转换成相应的模拟信号，然后将这些模拟量相加，就可得到与相应的数字量成正比的模拟量，从而实现从数字信号到模拟信号的转换。这就是组成 D/A 转换器的基本指导思想。

D/A 转换器由数码寄存器、模拟电子开关电路、解码网络、求和电路及基准电路等部分组成。数字量以串行或并行方式输入并存于数码寄存器中，数字寄存器输出数码，分别控制对应位的模拟电子开关，使数码为 1 的位在位权网络上产生与之成正比的电流值，再由求和电路将各种权值相加，即得到与数字量相对应的模拟量。

n 位 D/A 转换器的方框图如图 11-1 所示。

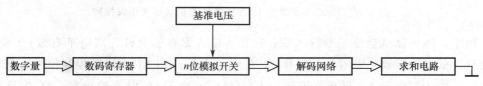

图 11-1　n 位 D/A 转换器方框图

知识 2　D/A 转换器 DAC0832

DAC0832 是采用 CMOS 工艺制成的单片电流输出型 8 位数/模转换器。器件的核心部分采用倒 T 型电阻网络的 8 位 D/A 转换器，如图 11-2 所示。它由倒 T 型 R-$2R$ 电阻网络、模拟开关、运算放大器和参考电压 U_{REF} 四部分组成。运算放大器的输出电压为

$$U_O = -\frac{U_{REF} \cdot R_F}{2^n R}(D_{n-1} \cdot 2^{n-1} + D_{n-2} \cdot 2^{n-2} + \cdots + D_0 \cdot 2^0)$$

由上式可见，输出电压 U_o 与输入的数字量成正比，这就实现了从数字量到模拟量的转换。

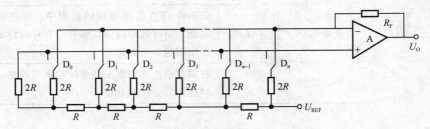

图 11-2　倒 T 型电阻网络 D/A 转换电路

一个 8 位的 D/A 转换器有 8 个输入端，每个输入端对应 8 位二进制数中的一位。有一个模拟输出端，输入可有 $2^8 = 256$ 个不同的二进制组态，输出为 256 个电压之一，即输出电压不是整个电压范围内的任意值，而只能是 256 个可能值。

DAC0832 的内部结构和外部引脚定义如图 11-3 所示。

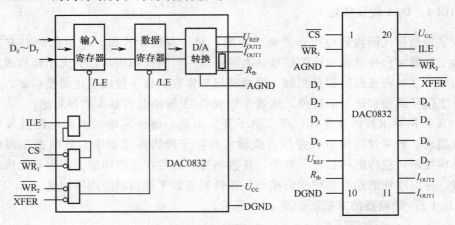

图 11-3　DAC0832 单片 D/A 转换器逻辑框图和引脚排列

图中，$D_0 \sim D_7$ 为数字信号输入端；ILE 为输入寄存器允许，高电平有效；$\overline{CS}$ 为片选信号，低电平有效；$\overline{WR_1}$ 为写信号 1，低电平有效；$\overline{XFER}$ 为传送控制信号，低电平有效；$\overline{WR_2}$ 为写信号 2，低电平有效；I_{OUT1}、I_{OUT2} 为 DAC 电流输出端；R_{fb} 为反馈电阻，是集成在片内的外接运放的反馈电阻；U_{REF} 为基准电压 $-10 \sim 10V$；U_{CC} 为电源电压 $5 \sim 15V$；A_{GND} 为模拟地；D_{GND} 为数字地，两者可接在一起使用。

DAC0832 的产品外形如图 11-4 所示。

图 11-4　DAC0832 外观

知识 3　D/A 转换器的主要技术指标

1. 分辨率

分辨率是指 D/A 转换器能分辨最小输出电压（U_{LSB}）与最大输出电压（U_{MAX}）即满量程输出电压之比。最小输出电压变化量就是对应于输入数字信号最低位为 1，其余各位为 0 时的输出电压，记为 U_{LSB}；满度输出电压就是对应于输入数字信号的各位全是 1 时的输出电压，记为 U_{MAX}。

对于一个 n 位的 D/A 转换器，可以证明，有

$$\frac{U_{LSE}}{U_{MAX}} = \frac{1}{2^n - 1} \approx \frac{1}{2^n}$$

例如，对于一个 10 位的 D/A 转换器，其分辨率为

$$\frac{U_{LSB}}{U_{MAX}} = \frac{1}{2^{10} - 1} \approx \frac{1}{2^{10}} = \frac{1}{1024}$$

应当指出，分辨率是一个设计参数，不是测试参数。分辨率与 D/A 转换器的位数有关，所以分辨率有时直接用位数表示，如 8 位、10 位等。位数越多，能够分辨的最小输出电压变化量就越小。U_{LSB} 的值越小，分辨率就越高。

2. 精度

D/A 转换器的精度是指实际输出电压与理论输出电压之间的偏离程度。通常用最大误差与满量程输出电压之比的百分数表示。例如，D/A 转换器满量程输出电压是 7.5V，如果误差为 1%，就意味着输出电压的最大误差为 ±0.075V（75mV）。也就是说输出电压的范围为 7.425～7.575V。

转换精度是一个综合指标，包括零点误差，它不仅与 D/A 转换器中的元件参数的精度有关，而且还与环境温度、求和运算放大器的温度漂移及转换器的位数有关。所以要获得较高的 D/A 转换结果，除了正确选用 D/A 转换器的位数外，还要选用低零漂的运算放大器及高稳定度的 U_{REF}。

在一个系统中，分辨率和转换精度要求应当协调一致，否则会造成浪费或不合理。例如，系统采用分辨率是 1V，满量程输出电压 7.5V 的 D/A 转换器，显然要把该系统做成精度为 1‰（最大误差 75mV）是不可能的。同样，把一个满量程输出电压为 10V、输入数字信号为 10 位的系统做成精度只有 1‰也是一种浪费。因为输出电压允许的最大误差为 100mV，但分辨率却精确到 5mV，表明输入数字 10 位是没有必要的。

3. 转换时间

D/A 转换器的转换时间是指在输入数字信号开始转换，到输出电压（或电流）达到稳定时所需要的时间。它是一个反映 D/A 转换器工作速度的指标。转换时间的数值越小，表示 D/A 转换器工作速度越高。

转换时间也称输出时间，有时手册给出的输出上升到满刻度的某一百分数所需要的时间作为转换时间。转换时间一般为几纳秒到几微秒。目前，在不包含参考电压源和运算放大器的单片集成 D/A 转换器中，转换时间一般不超过 1μs。

议一议

自然界中存在的物理量大都是连续变化的，如温度、时间、角度、速度、流量、压力等。由于数字电子技术的迅速发展，尤其是在控制、检测以及其他相关领域中的广泛应用，用数字电路处理模拟信号的情况非常广泛。那么，怎样将连续变化的模拟量转换为数字量呢？

练一练

练习　调节 DAC0832 电路

试按图 11-5 所示将电路接好，给 $D_0 \sim D_7$ 以高电平或低电平（高电平可以用 5V 电源经过 1kΩ 电阻输入，低电平则直接接地）分别代表"1"和"0"。在这里将 $D_0 \sim D_7$ 接低电平，调节运放电位器 R_W 使输出电压为零。

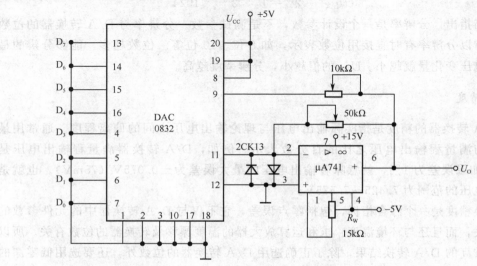

图 11-5　DAC0832 调零电路

做一做

实验 制作 D/A 转换电路

1. 实训目的

动手组装调试 D/A 转换电路，熟悉 DAC0832 的结构及用途，掌握数模转换电路的基本概念和制作方法。

2. 实训工具及器材

本实训项目所需的工具和器材见表 11-1。

表 11-1 制作 D/A 数模转换电路所需的工具和器材

序号	名称	规格	数量
1	D/A 转换器	DAC 0832	1 块
2	集成运放	μA741	1 块
3	电位器	10kΩ	1 个
		50kΩ	1 个
		15kΩ	1 个
4	二极管	2CK13	2 只
5	开关	扭子开关	8 个
6	万能实验板	100mm×120mm	每人一块
7	电烙铁、焊锡	自定	1 套
8	双路直流稳压电源	0～36V	1 台
9	万用表	自定	1 只
10	示波器	自定	1 台

3. 组装调试

DAC0832 输出的是电流，要转换为电压，还必须经过一个外接的运算放大器输出，实验电路如图 11-6 所示。

①按电路要求将元件焊接在万能实验板上。

②$D_0 \sim D_7$ 接至逻辑开关 S 的一端，输出端 U_O 接直流数字电压表。

按表 11-2 所列的输入数字信号，用数字电压表测量运放的输出电压 U_O，并将测量结果填入表 11-2 中。

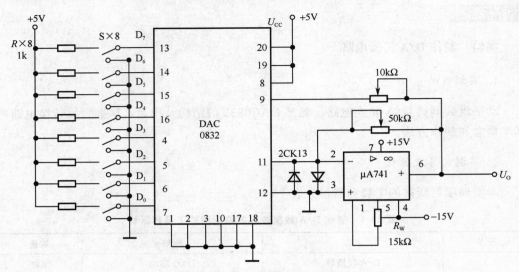

图 11-6　D/A 转换实验电路

表 11-2　测量结果

输入数字量								输出模拟量 U_O（V）
D_7	D_6	D_5	D_4	D_3	D_2	D_1	D_0	$U_{CC}=+5V$
0	0	0	0	0	0	0	0	
0	0	0	0	0	0	0	1	
0	0	0	0	0	0	1	0	
0	0	0	0	0	1	0	0	
0	0	0	0	1	0	0	0	
0	0	0	1	0	0	0	0	
0	0	1	0	0	0	0	0	
0	1	0	0	0	0	0	0	
1	0	0	0	0	0	0	0	
1	1	1	1	1	1	1	1	

评一评

任务检测与评估

	检测项目	评分标准	分值	学生自评	教师评估
任务知识内容	555 定时器的功能	识别 DAC0832 的引脚功能	25		
	D/A 转换输出电压的计算	能计算任意 8 位二进制数对应的输出电压	25		

续表

	检测项目	评分标准	分值	学生自评	教师评估
任务操作技能	D/A 转换器的制作	能够实现数模转换	40		
	安全操作	工具和仪器的使用及放置，元器件的拆卸和安装	5		
	现场管理	出勤情况、现场纪律、团队协作精神	5		

知识拓展

数字信号与模拟信号

信号是运载消息的工具，是消息的载体。从广义上讲，它包含光信号、声信号和电信号等。例如，古代人利用点燃烽火台而产生的滚滚狼烟向远方军队传递敌人入侵的消息，这属于光信号；当我们说话时，声波传递到他人的耳朵，使他人了解我们的意图，这属于声信号；遨游太空的各种无线电波、四通八达的电话网中的电流等，都可以用来向远方表达各种消息，这属于电信号。人们通过对光、声、电信号进行接收，才知道对方要表达的消息。

在信号这个大家族中，有两兄弟特别引人注目，就是"模拟"和"数字"。

1. 数字信号

数字信号在数值上是离散的和量化的，它们的值也仅在有限个量化值之间阶跃变化。二进制码就是一种数字信号，如图 11-7（a）所示。

2. 模拟信号

模拟信号的变化在数值上都是连续变化的，不会突然跳变，例如目前广播的声音信号，或图像信号等，如图 11-7（b）所示。

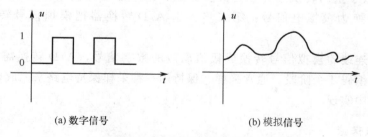

(a) 数字信号　　　　　　　　　　(b) 模拟信号

图 11-7　数字信号和模拟信号

任务二　制作 A/D 转换电路

教学步骤	时间安排	教学方式（供参考）
阅读教材	课余	自学、查资料、相互讨论
知识讲解	4 课时	在课程学习中，应结合多媒体课件讲解 A/D 转换的原理和概念，转换的指标，了解 A/D 转换的应用
任务操作	4 课时	在制作 A/D 转换电路过程中，学生应该边学边练，同时教师应该在实训中有针对性地向学生提出问题，引发思考
评估检测		教师与学生共同完成任务的检测与评估，并能对问题进行分析与处理

本任务将采用大规模集成电路 ADC0809 实现 A/D 转换，输入模拟电压，观察并记录对应的二进制数输出，了解 ADC0809 每个管脚所对应的定义。

读一读

知识 1　A/D 转换器概述

在数字电子技术的应用中需要把模拟信号转换为数字信号，完成这种功能的器件称为模/数转换器（A/D 转换器，简称 ADC）。

模拟量-数字量的转换过程分为两步完成：第一步是先使用传感器等产生的连续变化物理量转换为模拟电信号；第二步再由 A/D 转换器把模拟信号转换成为数字信号。

为将幅值连续的模拟信号转换成幅值离散的数字信号，A/D 转换需要经过采样、保持、量化、编码 4 个阶段。通常采样、保持用一种采样保持电路来完成，而量化和编码在转换过程中实现。

1. 采样与保持

将一个连续变化的模拟量转换成时间上离散的模拟量称为采样。采样的频率必须满足采样定律：设取样脉冲 $S(t)$ 的频率为 f_s，输入模拟信号 $X(t)$ 的最高频率分量的频率为 f_{max} 则 f_s 与 f_{max} 必须满足如下关系，即

$$f_s \geqslant 2f_{max}$$

即采样频率大于或等于输入模拟信号 $X(t)$ 的最高频率分量 f_{max} 的两倍时，$Y(t)$ 才

可以正确地反映输入信号。通常取 $f_s = (2.5 \sim 3)f_{max}$。

由于每次把采样电压转换为相应的数字信号时都需要一定的时间，因此在每次采样以后，需把采样电压保持一段时间。故进行 A/D 转换时所用的输入电压实际上是每次采样结束时的采样电压值。

根据采样定理，用数字方法传递和处理模拟信号，并不需要信号在整个作用时间内的数值，只需要采样点的数值。所以，在前后两次采样之间可把采样所得的模拟信号暂时存储起来以便将其进行量化和编码。

2. 量化和编码

将采样-保持电路的输出电压规划为数字量最小单位所对应的最小量值的整数倍的过程叫做量化。这个最小量值叫做量化单位。用二进制代码来表示各个量化电平的过程叫做编码。

由于数字量的位数有限，一个 n 位的二进制数只能表示 2^n 个值，因而任何一个采样-保持信号的幅值，只能近似地逼近某一个离散的数字量。因此在量化过程中不可避免地会产生误差，通常把这种误差称为量化误差。显然，在量化过程中，量化级分得越多，量化误差就越小。

知识 2　A/D 转换器的种类

A/D 转换器的种类很多，按照转换方法的不同主要分为 3 种：并联比较型，其特点是转换速度快，但精度不高；双积分型，其特点是精度较高，抗干扰能力强，但转换速度慢；逐次逼近型，其特点是转换精度高。

知识 3　A/D 转换器 ADC0809

完成 A/D 这种转换的器件种类很多，特别是单片大规模集成 A/D 转换器的问世，为实现上述的转换提供了极大的方便。本任务将采用大规模集成电路 ADC0809 实现 A/D 转换。

ADC0809 包括一个 8 位的逐次逼近型的 ADC 部分，可对 8 路 $0 \sim 5V$ 的输入模拟电压信号分时进行 A/D 转换，在多点巡回检测、过程控制等应用领域中使用非常广泛。其引脚排列如图 11-8 所示。

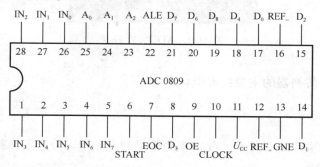

图 11-8　ADC0809 引脚排列

图中，$IN_0 \sim IN_7$ 为 8 路模拟信号输入端；A_2、A_1、A_0 为地址输入端；ALE 为地址锁存允许输入信号，在此脚施加正脉冲，上升沿有效，此时锁存地址码，从而选通相应的模拟信号通道，以便进行 A/D 转换；START 为启动信号输入端，应在此脚施加正脉冲，当上升沿到达时，内部逐次逼近寄存器复位，在下降沿到达后，开始 A/D 转换过程；EOC 为转换结束输出信号（转换结束标志），高电平有效；OE 为输入允许信号，高电平有效；CLOCK（CP）为时钟信号输入端，外接时钟频率一般为 640kHz；U_{CC} 为 ＋5V 单电源供电；REF_+、REF_- 为基准电压的正极、负极。一般 REF_+ 接＋5V 电源，REF_- 接地；$D_7 \sim D_0$ 为数字信号输出端。

ADC0809 的工作过程是：首先输入 3 位地址，并使 ALE＝1，将地址存入地址锁存器中。此地址经译码选通 8 路模拟输入之一到比较器。START 上升沿将逐次逼近寄存器复位。下降沿启动 A/D 转换，之后 EOC 输出信号变低，指示转换正在进行。直到 A/D 转换完成，EOC 变为高电平，指示 A/D 转换结束，结果数据已存入锁存器，这个信号可用作中断申请。当 OE 输入高电平时，输出三态门打开，转换结果的数字量输出到数据总线上。

8 路模拟开关由 A_2、A_1、A_0 三地址输入端选通 8 路模拟信号中的任何一路进行 A/D 转换，地址译码与模拟输入通道的选通关系见表 11-3。

表 11-3   地址译码与模拟输入通道的选通关系

被选模拟通道		IN_0	IN_1	IN_2	IN_3	IN_4	IN_5	IN_6	IN_7
地址	A_2	0	0	0	0	1	1	1	1
	A_1	0	0	1	1	0	0	1	1
	A_0	0	1	0	1	0	1	0	1

ADC0809 的外观如图 11-9 所示。

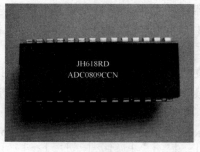

图 11-9   ADC0809 外观

知识 4   A/D 转换器的主要技术指标

1. 分辨率

分辨率指数字量变化一个最小量时模拟信号的变化量，分辨率又称精度，通常以数字信号的位数来表示。

2. 转换精度

A/D 转换精度指与数字输出量所对应的模拟输入量的实际值与理论值之间的差值，反映 A/D 的实际输出接近理想输出的精确程度。

3. 转换时间和转换率

转换时间指完成一次 A/D 转换所需的时间，从启动信号开始到转换结束，得到稳定数字量的时间。转换率是转换时间的倒数。

议一议

①试说明 A/D 转换器用在什么地方，并举出实例。
②试说出 A/D 转换器的类型，并举出相关的器件型号。

练一练

练习　测量 ADC0809 输出电平

按图 11-10 把元件焊在实验板上，将 $A_0 A_1 A_2$ 置"010"（5V 通过电阻 1kΩ 接入作为"1"和接入地作为"0"），把第 3 路 IN_2 作为 A/D 转换输入。用示波器或万用表观察 $D_0 \sim D_7$ 的输出电平，并记录下来填到表 11-4。

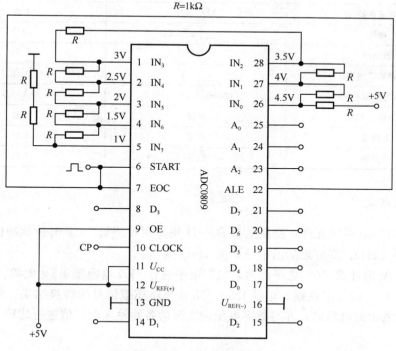

图 11-10　ADC0809 电路

表 11-4　ADC0809 输出数字量表

被选模拟通道	输 入模拟量	地 址	输出数字量								
IN	U_i（V）	$A_2 A_1 A_0$	D_7	D_6	D_5	D_4	D_3	D_2	D_1	D_0	十进制
IN_2	3.5	0　1　0									

做一做

实验　制作 A/D 模数转换电路

1. 实训目的

动手组装调试 A/D 模数转换电路，熟悉 ADC0809 的结构及用途，掌握模数转换电路的基本概念和制作方法。

2. 实训工具及器材

本实训项目所需的工具和器材见表 11-5。

表 11-5　制作 A/D 转换电路所需的工具和器材

名称	规格	数量
集成电路	ADC0809	1 块
电阻	1k	13 个
短路环	自定	8 个
双路直流电源	0～36V	1 台
万能实验板	100mm×120mm	每人一块
电烙铁、焊锡	自定	1 套
万用表	自定	1 只
示波器	自定	1 台

3. 组装调试

①按图 11-10 焊接元件，变换结果 D_0～D_7 用万用表测量，CP 时钟脉冲由脉冲信号源提供，$f=1kHz$。焊好之后的电路如图 11-11 所示。

②A_0～A_2 地址端"0"电平接地，"1"电平通过 1kΩ 电阻接 +5V 电源。

③按表 11-6 的要求观察，记录 IN_0～IN_7 这 8 路模拟信号的转换结果，将结果换算成十进制数表示的电压值，并与数字电压表实测的各路输入电压值进行比较，分析误差原因。

图 11-11　ADC0809 实验线路

表 11-6　八路模拟信号的转换结果

被选模拟通道	输入模拟量	地址	输出数字量								
IN	U_i（V）	$A_2 A_1 A_0$	D_7	D_6	D_5	D_4	D_3	D_2	D_1	D_0	十进制
IN_0	4.5	0 0 0									
IN_1	4.0	0 0 1									
IN_2	3.5	0 1 0									
IN_3	3.0	0 1 1									
IN_4	2.5	1 0 0									
IN_5	2.0	1 0 1									
IN_6	1.5	1 1 0									
IN_7	1.0	1 1 1									

评一评

任务检测与评估

	检测项目	评分标准	分值	学生自评	教师评估
任务知识内容	ADC0809 的使用	了解 ADC0809 的引脚功能	25		
	模拟电压对应的二进制转换计算	学会计算给定模拟电压所对应的二进制数	25		
任务操作技能	A/D 模数转换器的制作	能够实现模数转换	40		
	安全操作	掌握工具和仪器的使用及放置，元器件的拆卸和安装	5		
	现场管理	出勤情况、现场纪律、团队协作精神	5		

知识拓展

A/D 转换器的比较与分类

根据 A/D 转换器的速度和精度，大致可分为以下 3 类。

①高速低（或中等）精度 A/D 转换器，具体的结构有全并行、两步型、插值折叠型和流水线型。此类 A/D 转换器速度快，但是精度不高，而且消耗的功耗大，占用的芯片面积也很大，主要用于视频处理、通信、高速数字测量仪器和雷达等领域。

②中速中等精度 A/D 转换器。这一类型的 A/D 转换器是以速度来换取精度的，如逐次逼近型 A/D 转换器。这一类 A/D 转换器的数据输出通常是串行的，它们的转换速度在几十千赫到几百千赫之间，精度也比高速 A/D 转换器高（10～16位），主要用于传感器、自动控制、音频处理等领域。

③中速或低速高精度 A/D 转换器。此类 A/D 转换器速度不快，但精度很高（16～24 位），如 Σ-Δ A/D 转换器。该类型 A/D 转换器主要用于音频、通信、地球物理测量、测试仪、自动控制等领域。

各种 A/D 转换器的主要特点、性能及用途见表 11-7。

表 11-7　各种 A/D 转换器的主要特点性能及用途

类型 项目	全并行	两步型	插值折叠型	流木线型	逐次逼近型	Σ－Δ 型
主要特点	超高速	高速	高速	高速	中速中精度	高精度
分辨率	6～10 位	8～12 位	8～12 位	8～16 位	8～16 位	16～24 位
转换时间	几十纳秒	几百纳秒	几十至几百纳秒	几百纳秒	几至几十微秒	几至几十毫秒
采样率	几十 MSPS	几 MSPS	几至几十 MSPS	几 MSPS	几十至几百 kSPS	几十 kSPS
功耗	高	中	较高	中	低	中
主要用途	超高速视频处理	视频处理通信	雷达、数据传输	视频处理通信	数据采集、工业控制	音频处理数字仪表

项 目 小 结

A/D、D/A 转换器的种类十分繁杂，在本项目中选用了 ADC0809 和 DAC0832 分别作为模数、数模转换电路的器件。在本项目中需要掌握的内容如下。

①掌握基本 DAC 电路的基本概念以及 D/A 转换的基本原理。

②了解常用 DAC 芯片及其 DAC 的主要性能参数。

③掌握基本 ADC 电路的基本概念和 A/D 转换的基本原理。

④了解常用 ADC 芯片及其 ADC 的主要性能参数。

通过实验来感性地认识数模、模数转换的概念，并在实际组装调试电路中掌握这两种电路的特点，了解 A/D、D/A 器件的 3 个主要性能指标，知道这两种器件的内部构成，为以后学习单片机、自动控制等课程打下基础。

实训与考核

1. 填空题

①DAC0832 是一个集成的 8 位 D/A 转换芯片，假如满量程输出为 5V，其分辨率为_____V。

②如果 DAC0832 是一个集成的 8 位 D/A 转换芯片，假如满量程输出为 5V，则当数字量为 80H 时，输出电压为_____V。

③D/A 转换最重要的 3 个技术指标是_____、_____、_____。

④A/D 转换最主要的 3 个技术指标是_____、_____、_____。

⑤传感器与 A/D 转换之间一般要加入_____电路。

2. 选择题

①DAC0832 与运算放大器组成的 D/A 转换电路，其分辨率为_____。

A. 8 位　　　　　　B. 10 位　　　　　　C. 12 位　　　　　　D. 16 位

②DAC0832 组成的 D/A 转换芯片，其内部有_____。

A. 8 位三态锁存器

B. 没有锁存器

C. 10 位三态锁存器

D. 两个三态锁存器（1 个 8 位输入、1 个 8 位 DAC）

③ADC0809 是_____集成 A/D 转换芯片。

A. 8 位、双积分型　　　　　　B. 8 位、逐次逼近型

C. 10 位、逐次逼近型　　　　　D. 10 位、双积分型

④采样-保持器在数据采集系统中，是接在_____。

A. 多路开关后，A/D 转换前　　　　B. 多路开关前，A/D 转换前

C. 多路开关后，A/D 转换后　　　　D. A/D 转换后，多路开关前

3. 简答题

①什么是 D/A 变换器？它的主要作用是什么？

②D/A 变换器主要有哪些技术指标？影响其转换误差的主要因素是什么？

③对于一个 10 位的 D/A 变换器，其分辨率是多少？如果输出满刻度电压值为 5V，其一个最低有效位对应的电压值等于多少？

④8 位 ADC 输入满量程为 10V，当输入下列电压值时，数字量的输出分别为多大？
(1) 3.5V；(2) 7.08V。

⑤试述 A/D 变换经过哪几个步骤，每个步骤的作用是什么？

参 考 文 献

陈有卿. 2006. 555时基集成电路原理与应用 [M]. 北京：机械工业出版社.

杜虎林. 2002. 用万用表检测电子元器件 [M]. 沈阳：辽宁科学技术出版社.

冯满顺. 2009. 电工与电子技术 [M]. 北京：电子工业出版社.

付植桐. 2008. 电子技术 [M]. 北京：高等教育出版社.

李德润，宋熙茂. 1999. 电子技术基础 [M]. 北京：高等教育出版社.

李世英，易法刚. 2007. 电子实训基本功 [M]. 北京：人民邮电出版社.

刘海燕. 2008. 数字电路制作与调试 [M]. 北京：电子工业出版社.

潘学海. 2008. 电子技术初步 [M]. 北京：高等教育出版社.

石小法. 2006. 电子技能与实训 [M]. 北京：高等教育出版社.

王廷才. 2002. 电子技术实训 [M]. 北京：机械工业出版社.

王卫平. 2005. 电子产品制造技术 [M]. 北京：清华大学出版社.

徐咏冬. 2008. 电工电子技术 [M]. 北京：机械工业出版社.

阎石. 2008. 数字电子技术基础 [M]. 北京：高等教育出版社.

杨海祥. 2004. 电子线路故障查找技巧 [M]. 北京：机械工业出版社.

赵伟军. 2006. Protel 99 SE 教程 [M]. 北京：人民邮电出版社.